汉竹主编 ● 健康爱家系列

ZAI JIA ZUO MIAN BAO

在家做面包：

视频版

薄灰 著

汉竹图书微博
http://weibo.com/hanzhutushu

江苏凤凰科学技术出版社
全国百佳图书出版单位

自序

　　小的时候，放学后最开心的事情，就是经过学校旁的面包店，缠着妈妈买一份装饰着小朵奶油花的纸杯蛋糕；再大一点，妈妈也开始学着做面包，那个时候最幸福的事情就是回到家中，厨房飘出面包的香气……

　　当面包的香气串连起童年和少年的时光，脑海总会浮现出开一家属于自己的面包店的想法，想整天被面包的香甜所包围，更想亲手做出让人们品尝到快乐滋味的面包。

　　大学的时候，身边的朋友大都沉浸在浪漫的影视剧剧情中，我却"泡"在各种美食论坛、烘焙贴吧中，每当看到自己关注的美食博主更新了烘焙食谱，就会抄到笔记本上，想着为心里的面包店梦想一点点地积累"知识"。

　　后来毕业，梦想被暂时搁置，开始为生活奔波。记得自己工作的第一家公司楼下有家面包店，每次下班的时间晚了，就会到店里买自己喜欢的那款面包，当作给自己一整天工作额外的犒劳。

　　有了孩子之后，动手做面包的热情又开始慢慢高涨。就像是一种传递，把小时候妈妈对我的疼爱以同样的方式给到孩子们。家里的烤箱、面包机承包了从她小时候的磨牙棒到后来早餐的三明治、汉堡。现在，每当孩子跑到厨房："妈妈，你今天又在做什么面包啊？"我看着她一口一口满足地吃着面包，心里就满是幸福。

　　常有粉丝在微博底下评论："一看到你做的各式新鲜出炉的面包，就会感到很幸福！"现在，我想通过这本书把这份幸福感传递给你们。

2019 年 12 月

目录

第1章
面包基础知识

附录：
面包酱料

第1章

面包
基础知识

面包制作基础原料

面粉

高筋面粉

一般来说，蛋白质含量在11.5%以上的面粉就可以叫作高筋面粉。高筋面粉和水结合，在揉面团过程中产生的面筋能形成面包独特的嚼劲和口感，也可用作防粘手粉。需要注意的是，不同品牌的高筋面粉吸水性、筋度、延展性都略有差异。

中筋面粉

蛋白质含量介于高筋面粉和低筋面粉之间，麸质较少，因此筋性较弱，比较适合用来做蛋糕、松糕、饼干以及挞皮等需要形成蓬松酥脆口感的西点。

低筋面粉

蛋白质含量比较低，一般在8.5%以下。适合制作蛋糕、饼干。在制作面包时添加适量的低筋面粉，可以调整面团的筋度，使形成的面筋变软，并且面包的口感嚼劲也会减弱一些。

全麦面粉

全麦面粉是由整粒小麦研磨成的，麦香味浓郁。它保留了与整粒小麦相同比例的胚乳、麸皮及胚芽等成分。但是全麦面粉的口感比一般面粉粗糙，一般不单独使用，且添加比例不宜超过面粉总量的40%。

酵母

一般使用即发干酵母，除此之外，还有耐高糖酵母，适合用在含糖量（糖占面粉的比例）7%以上的面团。酵母的具体用量要根据配方，如果放得太多，虽然发酵速度快，但是会有股酵母味道，影响面包口感。

酵母开封后，要用夹子夹好包装袋，尽量避免袋内有过多空气，放在冰箱里冷藏保存最好。家庭使用建议选择小包装的，以免长时间不用失去活性。

糖类

蜂蜜

用在面包里，可以提高面包的保湿性、柔软性，还具有延缓面团老化的作用。面包表面刷上蜂蜜烘烤不仅可以调味，同时也可加速面包表皮的变色，令面包呈现金黄的饱满色泽。

红糖

红糖不如细砂糖般颗粒分明，质感会细润一些。它除了含有蔗糖外，还含有糖蜜、焦糖等其他物质，因其口感特别，可用来制作一些具有独特风味的面包。

绵白糖

比细砂糖更细腻绵软，含水量较细砂糖要高一些，且其中含有少许转化糖。在制作面包时如果没有细砂糖，可用绵白糖代替，这样的替换对成品的影响很小。

细砂糖

颗粒细小，很容易溶化在液体中；可以增加面包风味，并且有助于发酵，保持面团湿度。但添加过多会抑制发酵。

鸡蛋

鸡蛋里的蛋白质可与面粉中的蛋白质结合，提高面团的筋度，让面包成品更蓬松，更有弹性；还可以用来刷面包表面，刷过蛋液的面包烤后颜色金黄明亮，会更好看。面包面团多使用全蛋液，也可以单独使用蛋清或蛋黄；鸡蛋也可以为面团提供水分。

乳制品

黄油

黄油是从牛奶里提炼出来的，从冰箱拿出来后常要软化下再使用。制作面包时适量添加，能提高面团的延展性，改善面包组织，很好地提升口感并增加香味。本书中使用的多为无盐黄油，不用时需要将其冷冻保存。需要注意的是，裹入用油要选用起酥面包专用的片状黄油。

奶粉

可以为面包增香添色，使成品的奶香味更浓郁、更柔和，这是牛奶所达不到的；低脂奶粉或全脂奶粉都可以用以制作面包，用量一般在总面团材料的8%以内。

牛奶

牛奶里的蛋白质可以提高面团筋度，让面包成品更蓬松、更有弹性，并且牛奶中的乳糖还会让面团更易上色。

酸奶

用在面包里，可使面团更保湿、柔软，口感也较清爽。但乳酸菌会对面团的发酵产生一定影响，如果使用的是市售酸奶，建议减少配方中糖的用量。

炼乳

"浓缩奶"的一种，是将鲜奶经真空浓缩或其他方法除去大部分的水分，浓缩至原体积25%~40%的乳制品，分为加糖炼乳和无糖炼乳，能赋予成品浓郁的奶香味。

动物性淡奶油

由牛奶制作而来，做面包的时候加一些，可以使面包更香浓可口。但是由于所含的脂肪会降低筋度，所以需要注意使用量，另外不要用植物性奶油来代替动物性淡奶油。

奶油奶酪

制作奶酪蛋糕的主要材料，本书里多用在面包的馅料里，给面包增加风味，也可以添加在面团里使用。

马苏里拉奶酪

延展性极佳，是制作比萨、产生"拉丝感"的必备原料，须冷冻保存，使用前要自然解冻软化。

水

水是制作面包必不可少的原料。牛奶、淡奶油、鸡蛋、蜂蜜都含有不同比例的水分，因此有时看似加入的水很少，其实另一些材料里已经含有水了。一般使用室温下的凉开水，根据实际需要可选用冰水。

盐

在制作面包时，添加少许盐不仅可以调和口味，还有强化面筋、控制面团发酵速度、抑制杂菌繁殖等作用，是面团里不可缺少的原料。

其他原料

可可粉

可可粉含有可可脂，具有浓烈的可可香气，可用于制作高档巧克力、冰激凌、糖果、糕点及其他含可可的食品。

抹茶粉

具有独特的香味，可以作为一种营养强化剂和天然色素添加剂，用来制作面包可以增加面包的风味和色泽。

杏仁粉

由整粒的杏仁研磨得来，常用于蛋糕和饼干中，制作面包时适量添加，能给面包带来丰富的口感。

红曲粉

红曲是用米蒸制后接种红曲菌种发酵繁殖的，经粉碎后成为红曲粉，多用于给食物上色，是天然的食用色素。

朗姆酒

由甘蔗汁制成，除了用来调鸡尾酒，用在烘焙中也别具风味。

百利甜酒

属于爱尔兰威士忌，纯净爱尔兰奶油与上等佳酿威士忌的完美组合，用在烘焙中可以增添面包的风味。

新手必备的常用烘焙工具

烤箱

烤箱

如果做需要整形的面包，通常就需要用烤箱来烤。家用烤箱最好选择30升以上的，上下管能分开调控温度的更好。

面包机

面包机

面包机就是能制作面包的机器。根据机器设置的程序，放入配料，面包机可以自动完成和面、发酵、烘烤等一系列程序，最终得到松软可口的面包，多用于制作吐司。

厨师机

厨师机

相比于面包机，厨师机的功率更大，搅拌面团的效率更高，可以一次性搅拌更多的面糊或面团。如有条件可以直接入手厨师机，安装配件后厨师机还可以榨汁、绞肉末、压面条等。

吐司模

烤吐司的模具，除了在烤箱里使用，也可以放在某些面包机桶内烘烤吐司。常用的有450克方形吐司模以及心形、梅花形吐司模。

方形波纹吐司模

方形烤盘

用来做排包，最好选择不粘材质，既可以使做出的面包底面平整，又方便脱模。

厨房秤

在称原材料和分割面团时都会使用到，推荐使用能精确到0.1克的厨房电子秤，这样称量盐、酵母等用量少的原料时，不会因为称量不准而影响面团状态。

方形烤盘

面粉筛

可以用来给面包表面筛装饰糖粉等。

量杯

用来量取液态食材的工具。

厨房秤

面粉筛

量杯

温度计

需要测温的场合主要有：烤箱烘烤时、液体（油、水、牛奶、巧克力糊等）测温和固体（面团）测温。烤箱内测试烤箱温度需要使用烤箱专用温度计，其他食材的温度测量使用厨房专用温度计即可。

锯齿刀

将面包放凉后用来切割，建议使用质量较好的锯齿刀，可以切得更好看。

擀面杖

给面包整形时使用。

保鲜膜

发酵或松弛时用来盖住面团，防止面团表面变干。

锡纸

当面包上色到合适时，可以盖上锡纸防止面包上色过度。

烘焙油纸

烘烤面包时，垫在烤盘上面使用，为一次性产品，如果是不粘烤盘可以不铺油纸，也可以购买反复使用的烘焙油布。

毛刷

给面包刷蛋液时使用，也可以用来刷其他液体食材。

手动打蛋器

打散鸡蛋、搅拌液体时使用。

酵母量取器

如果没有精准的电子秤，可以备个酵母量取器，能够更精准地称量酵母的用量。

硅胶垫

面包整形时使用，容易清洗和收纳，与传统木质案板相比更加卫生。

刮板

分割面团或者刮下案板上的面团，弧形刮板端可以将面团从搅拌盆中更方便地取出。

晾网

面包烤好后，需要立刻从模具中取出，放至晾网上冷却，否则会因为余热导致面包底部潮湿而影响口感。

面包制作基本流程

称料→揉面→基础发酵（第一次发酵）→排气→分割→滚圆→中间松弛（醒发）→整形→最后发酵（二次发酵）→烘烤前装饰→烘烤→冷却、保存

称料：精准称量成功率更高

在烘焙前，需要准确称量每一种材料，尤其是用量较少的盐和酵母，在称量时要注意精确，建议使用克数精确到0.1克的电子秤来称量。但需要注意的是，做面包时液体的量需要根据不同面粉的吸水性来做适当调整。

揉面：揉好面就成功了一半

即混合材料将面团糅合，通过反复揉面，强化面团内部的蛋白质，使面粉内的麸质组织得以强化，形成网状结构。这个网状结构就被称作麸质网状结构薄膜，俗称"出膜"。

揉面可分为厨师机揉面、面包机揉面两种方式。

扫码看同步视频

发酵：面包成功的另一半要素

发酵分为基础发酵和最后发酵。

基础发酵

如果说面揉好了就是成功了一半，那么发酵则是面包成功的另一半重要因素。

在进行基础发酵时，不管是放在盆中还是面包机桶内，都需要覆盖保鲜膜，防止表皮过干。在温度不适宜发酵时，可以利用烤箱、面包机的发酵功能。

发酵前：将整理收圆的面团放入盆中①，覆盖上保鲜膜进行基础发酵。

发酵完成：目测面团体积增至2~2.5倍大，面团顶部呈现弧形②，用手轻触能明显感觉到面团内的气体。

发酵过度：戳小洞后，面团塌陷，并且产生很多气泡。这样的面团，即使烤出来口感也不好，并且不容易上色。

最后发酵

将整形好的面团排放在模具内或者烤盘上，盖上保鲜膜进行最后发酵。最后发酵的温度在30~38℃，相对湿度75%~80%（如果家中没有发酵箱也没关系，可以将盖有保鲜膜的面团放在烤盘上，放入烤箱中层，再在烤箱下层放一烤盘热水），当整形好的面团 **1** 膨胀到原来的1.5~2倍时 **2**，表示最后发酵完成。一般来说，经过最后发酵的面团会达到烘烤后成品的80%~90%大小，烘烤后还会继续膨胀的面团才能形成好面包。

分割、滚圆：整形的基础步骤

扫码看同步视频

分割

排气后要将面团分割成小块，方便下一步整形。先称出面团总重量，然后用刀或刮板切割出等量的面团 **3**。用刀或者刮板分割时动作要快一些，不能撕碎或者拽长面团，那样会破坏面团已经形成的麸质网状结构。

滚圆

面团分割后，为了后续拥有更好的造型，需要将分割好的面团搓圆，这一步动作也要快速。小面团的滚圆方法是用右手包裹住面团，利用拇指指腹和手掌外侧在案板上揉搓后滚至面团表面光滑。大面团滚圆方法是用双手包裹住面团前端向内移动，卷至面团光滑 **4**。

初学者如果掌握不好滚圆，也可以通过以下方法将面团收圆：将面团的光滑面朝上，用手将四周捏向底部，直到面团表面光滑紧绷，捏紧底部收口即可。

整形：不同造型不同的乐趣

扫码看同步视频

整形就是将面团处理成烘烤前的形状。不同的整形方法，所制作的面包形状和口感不同。面包能变化的形状非常多，不同的造型会给制作面包带来不同的乐趣，这也正是品尝面包美味之余的快乐。

面包的整形，可以借助不同的模具呈现不同的造型，也可以直接整理好造型铺在烤盘上烘烤。常见的面包造型有：长条形（可以做成辫子状、花环状以及其他创意造型）、橄榄形、圆形和方形（可以直接铺上馅料烘烤，也可以抹上馅料叠加，还可以抹上馅料后包入或卷起）。

烘烤：影响面包口感的一大因素

面团最后发酵结束后，为了让制作出的面包更美观，我们可以给面团做一些烘烤前的装饰，这样不仅使面包成品更诱人，还能使面包的口感更加丰富。

▶ 刷蛋液：将鸡蛋打散，最好再过筛一下，将羊毛刷充分浸透，刮去多余的蛋液。将毛刷与面团呈30°斜角（不要垂直去刷），利用毛刷的腹部轻轻刷在面团表面。刷的时候注意薄厚均匀，防止成品上色不一样 1。

▶ 撒香酥粒、坚果等：刷完蛋液，可以撒一些坚果、杂粮之类的颗粒装饰，不仅可以增加装饰效果，还可以增添风味 2。

▶ 割刀口：割刀口（又称割包）可以释放面团内部分气体，因此面团烘烤膨胀后割痕处充分张开，可以产生很漂亮的纹理。割刀口时一定要干脆利落，一刀带过，否则刀片会被面团粘住，割口也会不好看 3。

最后发酵完成并且装饰好之后就可以开始烘烤了。别看烘烤的时间比起前面步骤的操作时间短多了，但是烘烤同样是制作面包非常重要的一步。如果没掌握好烘烤时间，一样会前功尽弃。"烘烤过度"或者"烘烤不足"都会影响面包的口感。

烤箱烘烤注意事项

1.烘烤面包的烤箱一定要预热！保证面团进入烤箱时烤箱内部达到足够的温度。家用烤箱一般预热时间为10分钟，这样当面团进入预热好的烤箱，就不会因为烤箱温度缓慢上升而导致发酵过度。

2.烤焙温度和时间要根据自家烤箱来调整。因为家用烤箱的温度存在差异，并且面团的大小也不一样，所以烘烤时间要根据自家烤箱的"脾气"来调整，中途多观察，上色合适后要及时加盖锡纸。

3.检查烘烤是否到位。除了根据面团上色情况来判断，还可以采取按压的方式，用手指按压面包表面，面包很有弹性，凹印可以马上回弹就是烤好了，反之就是没烤到位。

4.烤好的面包要立刻取出，脱模放在晾网上放凉，绝对不可以放在烤箱里继续用余温闷，否则会上色过度，并且水分流失。烤好的面包要取出放在晾网上，这样底部有空隙可以散热，不会受水汽影响导致其潮湿。

5.刚烤好的面包内富含水汽，非常柔软，因此很难切好，需要等面包冷却后切割。

面包机烘烤注意事项

> 启动面包机的烘烤程序，有些面包机可以设定时间和烧色，有些则是设定好的时间不能更改。我们可以根据自家面包机的特性来选择适合的时间，本书中所使用的面包机烘烤时间一般在38~45分钟，烧色为"中"。

> 对于不能更改烘烤时间的面包机，在观察到烘烤已经完成时，可以提前结束烘烤，防止面包因为烤的时间过久而外壳干硬。或者用锡纸将面包机外桶包裹起来 **1**，只留底部旋转接口处不包，这样也可以有效防止面包表皮过于干硬。

> 烘烤结束后，需要立刻将面包取出。戴上隔热手套将面包机桶取出，小心地将面包倒出 **2**，放在晾网上晾至接近手心温度后，装袋密封保存。否则会因为机器内的余热和蒸气而导致面包回缩影响口感。

保存: 冷藏室里的面包最快老化

刚出炉的面包，放在晾网上冷却到和手心差不多温度时，就可装入大号保鲜袋或者保鲜盒内 **3**。密封装好放置一夜后，面包的水分会分布均匀，所以外壳也会变软，口感也会达到最好。如果第二天面包干硬口感不好，那是因为面包本身没有制作成功。

如果2天内可以吃完，室温保存就可以了。暂时吃不掉的面包可以装入保鲜袋冷冻起来。吃的时候取出自然解冻，喷少许水，烤箱150℃烤3~4分钟，面包会和新鲜出炉的一样好吃。还可以用微波炉转一小会，但是要掌握好时间，避免加热过度导致面包变干。

千万不可将新鲜的面包放入冰箱中冷藏，因为面包一旦出炉就开始老化，在0~10℃的温度下老化速度最快，冷藏会加速面包中淀粉的老化，吃起来又干又硬，还容易掉渣。

2种揉面流程

扫码看同步视频

厨师机揉面

▷把除无盐黄油外的所有面团材料放入搅拌桶内**1**，用筷子将所有材料混合**2**，或者开启慢速搅拌均匀**3**。慢速大致搅拌成团后，开启中速搅拌成光滑的面团，此时面团出现筋性，可以拉出较厚的易破薄膜**4**。

▷加入软化黄油（注意是软化黄油，不是熔化的黄油）**5**，用慢速将黄油搅入面团内并令其吸收**6**。

▷转中速继续搅拌到面团光滑、具有延展性。此时面筋完全形成，面团光滑**7**，可以轻易脱离搅拌桶。如果需要添加坚果等配料，可以在这时加入，用慢速将配料搅入面团中，稍微拌匀即可，或者用手将配料揉匀。切忌长时间搅拌，以免配料析出水分而影响面团。

▷取一块面团检查：可以拉出稍微透明的薄膜，此时薄膜不够坚固，容易破洞，面团达到"扩展"阶段**8**，可以制作普通面包了；可以拉出大片结实不易破裂的透明薄膜**9**，即使捅破薄膜，破洞边缘呈现光滑状，此时面团达到"完全"阶段，可以制作吐司（制作普通面包当然也可以，口感会更好）。

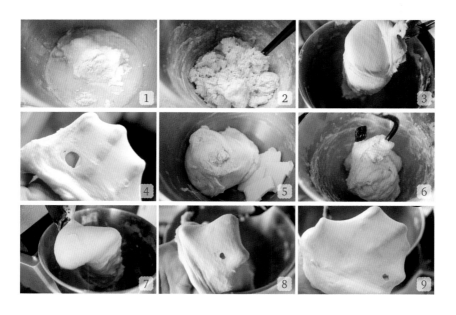

扫码看同步视频

面包机揉面

面包机的自带食谱上会标注先放湿性材料，再放干性材料，最后放酵母，如果用"预约"功能，则需要这样添加，防止酵母提前溶于水中而影响发酵。但如果是现做面包，不论先放哪种材料都可以。以下是使用面包机揉面的过程。

1.先将除黄油以外所有的液体食材放入面包机桶内，再加入面粉、糖、酵母这类干性材料。

2.启动面包机"和面"程序，大约20分钟后，"和面"程序停止，这时面团比较光滑。

3.取一块面团，慢慢拉开，可以拉出较厚的薄膜。

4.加入软化黄油，再次启动"和面"程序，继续搅拌，揉20分钟左右，至面团呈光滑、柔软、有弹性状态。

5.取一块面团检查面团状态：拉出面团两端，上下左右慢慢均匀地拉扯面团，能拉出薄膜，但是膜不够坚固，容易破洞，此时面团达到"扩展"阶段，可以制作普通的整形面包；可以拉出大片结实不易破裂的透明薄膜，即使捅破薄膜，破洞边缘呈现光滑状，此时面团达到"完全"阶段，可以制作吐司。

6.揉面完成后，可以添加坚果或果干等配料，开启"和面"程序混合，稍微拌匀后取出，再结合手工揉匀，尽可能地将食材包裹在面团内部，不要将食材裸露在外。

由于每款面包机的和面功率不同，如果1个和面程序达不到要求，可以继续延长和面时间。揉面时的温度很重要，因为摩擦搅拌时会产生热，并且环境温度高也会导致面团温度过高而影响揉面效果。春夏季节或天较热时，需将鸡蛋、牛奶、水等液体冷藏后使用，并且开着面包机的盖子揉面，防止面团温度过高而提前发酵影响出膜。如有温度计，可以测一下成品面团温度，一般应控制在28℃左右。

5种面包制作手法

直接法：常用的面包制作手法

　　直接法就是将所有面团材料混合（一般适合使用植物油、液态油脂的面包制作），经过搅拌后完成发酵，然后根据需要进行面团的分割、滚圆、整形，最后完成烘烤。这是常用的一种面包制作方式，优点是可以缩短制作面包的时间，缺点是相比其他方法做出来的面包更容易老化。不过可以在食材里添加一些增加保湿性和抗老化的食材，例如酸奶、蜂蜜、南瓜等。

后油法：面团出筋会更快

　　在面团搅拌至刚刚出筋后再加入黄油混合搅拌，这种方法称为"后油法"。相比于直接法，后油法制作的面团出筋更快。

后油法示意

　　面团材料：高筋面粉200克、低筋面粉50克、细砂糖20克、盐3克、酵母3克、全蛋液30克、牛奶132克、无盐黄油25克

　　1.将除无盐黄油以外所有的面团材料放入机器内①。

　　2.启动和面程序，1个和面程序结束后，面团揉到了表面略光滑的状态②（可以拉出较厚的膜，并且裂洞边缘是不圆滑的），这个时候加入软化的黄油③，再次启动和面程序。

　　3.第2个和面程序结束后，面团揉至光滑的状态④（可以拉出大片透明结实的薄膜状的完全阶段）。

　　4.将面团收圆，盖上保鲜膜开始基础发酵，放在温暖湿润处发酵至原来的2~2.5倍大。

中种法：做出来的面包不易老化

　　将用直接法准备的材料分成两份，将其中一份材料先搅拌成团，就是我们所说的"中种面团"，让它先发酵1.5~3小时，温度以25~28℃最为合适，或者也可以采用冷藏发酵十几个小时的方式。将发酵好的中种面团再与剩余的主面团材料混合揉成面团，之后的制作步骤与直接法相同。中种面团一般占所有材料的50%~70%，所以也可以把直接法换成中种法来制作。

　　中种法制作的面包虽然所需时间比较长，但如果能合理利用面团的发酵时间，会比直接法更省时，并且面包组织柔软稳定也更细腻有弹性，保湿性和抗老化性也比直接法要更好。

中种法示意

　　中种面团材料：高筋面粉125克、酵母2.5克、牛奶100克

　　主面团材料：高筋面粉125克、细砂糖20克、全蛋液25克、盐4.5克、水40克、无盐黄油20克

　　1.将中种面团材料全部混合**1**。

　　2.大致揉成团**2**，盖上保鲜膜，室温发酵半小时。

　　3.放入冰箱冷藏发酵，大约发酵17小时，至原来的2.5倍大**3**，面团内部充满蜂窝状气孔（每家冰箱温度不同，并且发酵室温也不同，所以发酵时间和面团发酵状态都会有区别，以面团状态为准来调节时间）。

　　4.将发酵好的中种面团撕成小块，与主面团除无盐黄油以外的所有材料一起混合**4**。

　　5.揉至面团光滑略有筋度时加入软化黄油，继续揉到能拉出较为结实的透明薄膜状**5**。

　　6.将面团收圆放入容器中，盖上保鲜膜进行基础发酵，在温暖湿润处发酵至原来的2.5倍大**6**，用手指蘸面粉戳个洞，洞口不会马上回缩或塌陷即发酵完成。

液种法：无需揉面也能做出好面包

将面包配方里一定量的面粉、水、酵母混合拌匀，因为液种面团里水分含量很高，所以无需揉面，拌匀即可。经过充分低温发酵至中间塌陷的程度，之后再与主面团一起搅拌，后续做法与直接法相同。这个方法做出来的面包含水量高，面包组织非常柔软，例如本书中的波兰种。

波兰种示意

波兰种材料： 水100克、高筋面粉100克、酵母1克

主面团材料： 高筋面粉200克、低筋面粉50克、细砂糖20克、盐3克、酵母3克、全蛋液30克、牛奶132克、无盐黄油25克

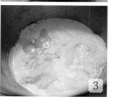

1.将波兰种所有材料混合拌匀 1 。

2.发酵至涨发有许多泡泡的状态 2 。

3.将主面团材料中除无盐黄油以外的所有食材混合，同时加入波兰种。

4.揉成光滑的面团，加入软化黄油 3 ，继续揉至可以拉出大片透明结实薄膜的完全阶段 4 。

汤种法：做出柔软、含水量高的面包

汤种法是把一小部分面粉与沸水混合搅拌均匀，放凉后冷藏再加入主面团里一起搅拌，后续制作步骤和直接法相同。用这个方法做出来的面包也很柔软。这是利用了淀粉糊化的原理，因为面粉经过淀粉糊化以后更易吸水，使面团的含水量得到了适当的增加。拌好的汤种放凉后就可以使用，但是冷藏过夜的汤种，经过长时间的冷藏熟成后再使用，效果会更好。

汤种法示意

汤种材料： 高筋面粉30克、沸水30克

主面团材料： 高筋面粉250克、可可粉13克、细砂糖50克、酵母3.5克、无盐黄油25克、盐3克、水160克

1.将汤种面团中的高筋面粉和沸水混合均匀，放凉冷藏备用 1 。

2.将面团材料中除无盐黄油以外的所有食材混合，同时加入汤种 2 。

3.揉成出粗膜的光滑面团，加入软化黄油，继续揉至可以拉出大片透明结实薄膜的完全阶段 3 。

新手烘焙基础问题

必知的"烘焙百分比"

"烘焙百分比"是烘焙专业的专用百分比，它是根据面粉的用量来推算其他材料所占的比例，与一般我们所用的实际百分比有所不同。在实际百分比中，以成品总质量为100%，而在烘焙百分比中，以配方中总面粉的用量为100%。公式表示如下：

$$某种原料的烘焙百分比 = \frac{配方中该原料用量}{面粉总用量} \times 100\%$$

知道了烘焙百分比就可以方便地计算出各种原料的用量，也便于在不同的制作方法间转换。

如何才能做出"手套膜"

这绝对是一个"千年话题"。因为做面包难就难在即使是一样的配方，不一样的人也不太可能做出一样的成品，因为这需要凭借个人的经验和手感来判断面团是否达到合适状态。揉不出膜的原因通常有以下几种：

1.机器功率的原因。正如不同的面包机揉面效果也不一样，事实上即使同一台机器，由于操作者本身对液体量的把握、对黄油添加的时机、对揉面程度的把握理解都不一样，所以就算拥有很好的设备也不一定能揉出理想的面团状态。解决的办法只有通过积累经验来学习了解面团。

2.面粉的吸水性。即使配方一样，机器一样，但由于面粉吸水性不同，面团软硬程度可能都会有些许差异，因此导致出膜效果受到影响。

3.面团温度过高而影响出膜。天热时，要用冰液体，降低面团温度，若面团温度过高还在任由机器揉面，提前进入发酵的面团就会影响出膜。

4.自身拉膜手法不正确，误以为面没揉好。

合格的手套膜是做好面包的关键，可以轻易撑开，薄到能看出指纹，同时又很有韧性、不会轻易破

严格按照配方，面团还是粘手

这个问题很多网友提过。每次添加液体时可以先留10克水，在刚开始揉面那几分钟里注意观察，视面团的状况决定水是否要全部加入。如果面粉吸水性低、水分还是很大，刚开始揉面时还是可以补救的，即再添加点面粉（一定要用高筋面粉）。

如果揉面结束后，面团不粘手，而发酵后却粘手，那就不是水的问题，可能是由于发酵温度高导致面团有点湿黏，室温发酵一般不会出现这个问题。取出刚发酵好的面团，不要过度地揉，稍稍按压排气后即可，如果面团温度比较高，可以稍微晾一会，整形时可以撒点高筋面粉防粘。

如何判断面团是否发酵完成

对于这个问题，不要只关注自己做面包时的发酵时间，这没有任何意义。在不同的环境温度下，面包的发酵时间都不一样，没有固定的时间标准。多观察面团状态，了解面团发到什么程度才是首要任务。

一般来说，最适宜的基础发酵温度在26~28℃，相对湿度为70%~75%。由于家庭烘焙大多没有能控温和控湿的发酵箱，因此除非气温非常低，大多数情况下，室温下慢慢发酵就可以了。

检查面团是否基础发酵完成，通常是看面团体积，若增至2~2.5倍大，面团顶部呈现弧形状，用手轻触能明显感觉到面团内的气体，基本可以判断为发酵到位。除此之外，我们可以将手指蘸一些高筋面粉，在面团上戳一个小洞出来，若小洞很快回缩，即发酵不足，需要继续延长发酵时间。若小洞维持原状或是有很轻微的回缩，即发酵正常完成，可以进行下一步操作。若是面团塌陷，则为发酵过度，这样烤出来的面包口感不佳。

发酵过度的原料该怎么处理

很多人会直接扔掉发酵过度的面团。其实发酵过度的面团完全可以当作老面来用，也就是按照中种法做面包的程序进行，而且用这个方法做出来的面团组织会更好！

如何确保面包口感及松软度

很多初学面包制作的人都问过这个问题，答案大多是这两点：揉面到位和发酵到位。解决的方法即通过观察、对比，掌握好揉面和发酵的最佳状态。

如何判断面包是否烤熟

第一根据上色，烤至面包表面呈金黄色就差不多了，但是也可能会出现火力没调准，从而出现上色过快的情况，那么中途就要及时加盖锡纸防止上色过度。

第二用手按压面包表皮，如果出现凹印且能立刻回缩，就差不多烤好了，没烤好的面包出现凹印不会回弹。啰嗦一句，烘烤中途记得多观察。

面包出炉后为什么会塌陷

主要原因可能有这三点：发酵过度，导致里面组织不那么紧实了；烘烤的温度太低，导致最后的面包缩腰；没烤熟就出炉，出现缩腰塌陷的情况。

为什么自己做的面包总没有从面包店买的好吃

其实，自家做的面包只要做成功了无论是口感和营养都是不输市售面包的，还有人说自己做面包时，即便用纯牛奶和面也没有买来的面包闻起来香味足，这其实是因为自制面包不含添加剂。

制作失败了首先考虑发酵的问题

一般先确定酵母是否过期。新鲜的酵母(建议使用耐高糖酵母),如果加的量足够,是没有理由发酵不起来的;即使在温度低的天气里也是能发酵的,只是时间的问题。

第一次发酵的温度,在28~32℃之间为宜。天冷时,可以启动面包机的发酵功能,一般在1~2小时之间可以发好;天热时,室温发酵就行,夏季1小时左右就可以发好。

所以发酵不起来时,首先考虑酵母是否过期、投入量是否足够,其次考虑环境温度是否合适,发酵时间是否到位。发酵是个需要耐心等待的活,中间最好多观察几次,防止发酵过度。

素食者或不喜欢黄油味道的人,能用植物油代替黄油吗

用植物油是可以的,但是液体状的植物油比黄油要花更多的时间才能揉入面团,面包机2~3分钟就可以将软化的黄油基本揉入面团,而液体的植物油至少需要10分钟以上,因此要延长和面时间。又因为和面时间延长了,所以尽量用冷藏后的液体来和面,避免面团温度过高而影响揉面效果。

用植物油时用量可以比黄油的量减少一些。其实不喜欢黄油味道的非素食者还可以用凝固状态的白色猪油,会比植物油容易揉入。

第2章

基础
面包

布里欧修餐包

🔲 烤焙温度 180℃　　⏱ 烘烤时间 25 分钟

成品 16 个

面团材料	模具
高筋面粉 320 克	21.5 厘米 × 21.5 厘米烤
酵母 5 克	盘 1 个
细砂糖 50 克	
盐 4 克	
奶粉 12 克	
全蛋液 170 克	
牛奶 30 克	
无盐黄油 140 克	

TIPS

① 由于面粉的吸水性不同，要灵活控制液体量。

② 烤盘大一些小一些都可以，或者用家中原有的、烤箱自带的烤盘也可以。

1 将面团材料中除无盐黄油外的其他食材混合，揉至面团出粗膜状态。

2 分 5 次加入黄油继续揉至黄油完全融合，可以扯出较为结实的透明薄膜。

3 揉好的面团盖上保鲜膜放在温暖处进行基础发酵至原来的 2.5 倍大。

4 取出发酵好的面团按压排气，等分为 16 个小面团、每个约 45 克重，将其排放在烤盘中。

5 放在温度为 37℃、相对湿度为 75% 左右的环境下，二次发酵至原来的 2 倍大。

6 放入预热好的烤箱中下层，上下火 180℃烤约 25 分钟，出炉后脱模放凉即可。

砂糖花朵面包

🍞 烤焙温度 180℃　⏱ 烘烤时间 25分钟

成品**7**个

面团材料
高筋面粉250克
水 90克
牛奶 35克
全蛋液 30克
奶粉 10克
无盐黄油 25克
盐 3克
酵母 3克
细砂糖 30克

表面刷液
全蛋液适量
粗砂糖适量
无盐黄油适量

模具
8寸圆形模具1个

TIPS
① 无盐黄油软化后装入裱花袋或者保鲜袋中，前面开一个口子，挤在"十"字刀口上就行。
② 不用圆模的话，直接放烤盘里也可以。

1 将面团材料里除无盐黄油外的其他材料放入面包机桶内。

2 揉至可拉出半透明状薄膜的扩展阶段。

3 将面团收圆，放在温暖湿润处发酵至原来的2.5倍大。

4 取出发酵好的面团，按压排出面团内气体，将面团分割成7等份，盖上保鲜膜松弛15分钟。

5 再次滚圆后放在8寸圆形模具中。

6 放在温暖湿润处二次发酵至原来的2倍大。

7 用刀片在每个小面团顶部划"十"字形刀口，刷上全蛋液，撒上粗砂糖；在十字刀口处挤上软化的黄油。

8 烤箱180℃预热，烤约25分钟至表面金黄即可（中途上色均匀时可以加盖锡纸）。

香葱奶酪面包条

🖥 烤焙温度 180℃ ⏱ 烘烤时间 18 分钟

成品6个

面团材料	表面装饰
高筋面粉 250 克	马苏里拉奶酪 50 克
盐 3 克	沙拉酱 50 克（具体做
细砂糖 30 克	法见 262 页）
奶粉 10 克	
酵母 3 克	葱花少许
牛奶 160 克	
无盐黄油 30 克	

1 将面团材料中除无盐黄油外的所有面团材料混合。

2 揉至面团光滑、面筋扩展时加入软化黄油，继续揉至能拉出薄膜且有韧性的扩展阶段。

3 将面团滚圆放入容器中，放在温暖湿润处进行基础发酵。

4 面团发酵至原来的2.5倍大，用手指蘸面粉在面团上戳个洞，洞口不回缩、不塌陷即可。

5 取出发酵好的面团排气，分成6等份，滚圆后盖上保鲜膜松弛15分钟。

6 将松弛好的面团擀成椭圆形面片，翻面后压薄底边，从上往下卷起成橄榄形，捏紧收口。

7 将面包坯收口朝下摆放在烤盘中，放在温暖湿润处二次发酵至原来的2倍大。

8 取出发酵好的面包坯，将沙拉酱装在裱花袋中，前端剪一小口，在面包坯表面挤上线条状的沙拉酱。

9 撒上丝状的马苏里拉奶酪和葱花。

10 放入预热好的烤箱，180℃烤约18分钟至表面金黄即可。

杏仁牛奶排包

烤焙温度 170℃　🕐 烘烤时间 20 分钟

面团材料	表面装饰
高筋面粉 350 克	全蛋液适量
炼乳 20 克	杏仁片适量
细砂糖 40 克	
鸡蛋 40 克	
牛奶 160~170 克	
酵母 4.5 克	
盐 2.5 克	
奶粉 15 克	
无盐黄油 30 克	

1 将面团材料里除无盐黄油外的其他材料放入面包机桶内。

2 启动和面程序，15~20分钟后加入软化黄油，再次启动和面程序，揉至面团光滑。

3 将揉好的面团放入容器内，盖上保鲜膜，放在温暖湿润处发酵至原来的2~2.5倍大。

4 取出发酵好的面团，按压排气后分割成8等份，滚圆后盖上保鲜膜松弛15分钟。

5 将松弛好的面团擀成长舌状。

6 翻面后卷起。

7 捏紧收口处，搓成条状。依次处理好所有的面包坯，排入烤盘内。

8 放在温暖湿润处二次发酵至原来的2倍大，表面刷全蛋液，撒杏仁片。

9 烤箱预热170℃，中层，上下火烤20分钟，烤好后取出晾凉装袋保存。

TIPS

没有杏仁片可以不加，或者用芝麻、花生碎、椰蓉等代替。

木纹面包棒

🔲 烤焙温度 175℃   ⏱ 烘烤时间 20 分钟

成品 14 个

面团材料	表面装饰
高筋面粉 250 克	蛋黄 2 个
全蛋液 40 克	
细砂糖 40 克	
奶粉 15 克	
酵母 3 克	
牛奶 100 克	
无盐黄油 20 克	

TIPS

① 用刮板分割的面包坯长约 10 厘米，宽 2~3 厘米即可。

② 想要形成好看的木纹效果，可以在第一遍蛋黄液快干的时候刷第二遍。

③ 这款面包的口感是稍微偏硬带点嚼劲的，所以二次发酵时不要发得太大了。

1 将面团材料里除无盐黄油外的其他材料混合。

2 揉到光滑状后加入软化黄油再揉至完全状态。

3 将揉好的面团收圆放入容器中进行第一次发酵。

4 面团发酵至原来的 2~2.5 倍大。

5 取出发酵好的面团，轻轻按压排出面团内的大气泡。

6 用擀面杖擀成长方形面片。

7 用刮板均匀切割成 7 个长条。

8 将面包坯从中间切两半整齐排放在烤盘中。放在 38℃左右的环境下发酵约 40 分钟。

9 将蛋黄打散成液，在面包坯表面刷上蛋黄液，用叉子在表面划几道弯曲的纹路。

10 烤箱 175℃预热，中层上下火烤约 20 分钟至表面金黄即可。

奶油卷小餐包

⊞ 烤焙温度 180℃　⏱ 烘烤时间 30 分钟

成品10个

面团材料

高筋面粉 250 克	全蛋液 40 克
细砂糖 25 克	无盐黄油 40 克
盐 4 克	酵母 4 克
奶粉 10 克	水 130 克

TIPS

小餐包可以搭配其他食物或者果酱之类食用，所以 25 克的糖量只是微有甜味，可以根据个人口味增减其用量。

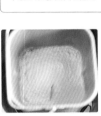   

1 将面团材料里除无盐黄油外的所有材料放入面包机内，启动和面程序。

2 1个和面程序结束后加入软化的黄油，再次启动和面程序。

3 将揉好的面团放置温暖湿润处发酵至原来的2.5倍大。

4 取出发酵好的面团，排气并将面团分割成10等份，滚圆松弛10分钟。

5 松弛后用手整形为长水滴形，再次松弛10分钟。

6 用擀面杖从上至下擀成三角形薄片。

7 将宽的一头向下卷起成牛角状。

8 烤盘里铺上油纸防粘，将面团摆放在烤盘中。

9 进行二次发酵，发酵约至原来的2倍大。

10 烤箱预热至180℃，中层烤约30分钟即可。

脆底小面包

烤焙温度
220℃

烘烤时间
12 分钟

成品 24 个

面团材料	表面装饰
高筋面粉 175 克	白糖 5 克
低筋面粉 75 克	低筋面粉 10 克
酵母 3 克	白芝麻 20 克
盐 1 克	
鸡蛋 1 个	
牛奶 100 克	
细砂糖 50 克	
泡打粉 2 克	

TIPS

烤盘内一定要多抹点油，不然底部不酥脆，也可以用植物油代替黄油。

1 将牛奶和鸡蛋倒入面包机桶内，依次加入细砂糖、盐、粉类，最后加入酵母。

2 启动第1个和面程序，面团揉至表面光滑状，可拉出较厚薄膜；加入软化的黄油，启动第2个和面程序，将面团揉至完全阶段。

3 用手拉少许面团，检查面团出膜情况。

4 进行基础发酵，面团发酵至原来的2倍大。

5 发酵好后，将面团分割成12等份，滚圆，松弛10分钟。将表面装饰材料充分混合成白糖芝麻粉备用。

6 取一份面团，擀开，约长20厘米。

7 由上往下卷起，继续松弛10分钟，再将面团从中切开。

8 用手将切开的面团稍微按扁。

9 将面团切口蘸上白糖芝麻。

10 烤盘内抹上黄油，将面团铺在烤盘内。

11 放到温暖湿润处进行二次发酵，约30分钟。

12 烤箱220℃预热，将面包坯放入烤12分钟，烤好后立即取出脱模。

香肠面包

⊞ 烤焙温度 185℃　　⏱ 烘烤时间 20 分钟

成品5个

面团材料	夹馅
高筋面粉 250 克	火腿肠 5 根
奶粉 10 克	
酵母 4 克	**表面装饰**
盐 3 克	全蛋液适量（约 1
糖 25 克	个鸡蛋的量）
水 110 克	
全蛋液 30 克	
无盐黄油 30 克	

1 将面团材料里除无盐黄油外的材料放入面包机桶内，1个和面程序后加入软化黄油，再次启动程序揉至扩展阶段。

2 把面团放入容器内，盖上保鲜膜进行基础发酵，发酵至原来的2~2.5倍大。

3 取出发酵好的面团，按压排气。

4 面团分割成5等份，滚圆后盖上保鲜膜松弛15分钟。

5 将松弛好的面团搓成约25厘米的长条。

6 将长面团绕在火腿肠中部，绕3~4圈，露出火腿肠两头。

7 依次做好所有的面团，放在温暖湿润处。

8 二次发酵至原来的2倍大，表面刷全蛋液。烤箱预热185℃，中层，上下火烤约20分钟即可。

可可螺旋面包

🔲 烤焙温度 180℃　⏱ 烘烤时间 15 分钟

成品6个

面团材料	夹馅（卡仕达馅）
高筋面粉100克	牛奶150克
低筋面粉50克	细砂糖40克
细砂糖20克	鸡蛋黄1个
盐1克	低筋面粉15克
即发干酵母2克	玉米淀粉10克
全蛋液20克	无盐黄油10克
牛奶80克	无糖可可粉5克
无盐黄油10克	

TIPS

① 若没有可可粉可以在做卡仕达馅时加点巧克力，或者不加可可粉，做成原味的卡仕达馅；也可以在面包放凉后，挤入打发好的奶油。

② 绕螺管模具时可以先擀成圆片，然后卷起，松弛10分钟后搓成长条，也可以直接搓成长条。但要充分松弛到位才容易拉伸搓成长条。

1 将所有的夹馅材料混合放入锅中，搅拌均匀。

2 开小火边煮边搅至浓稠状制成可可卡仕达酱，盛出放凉，盖保鲜膜。

3 将面团材料中除无盐黄油外的所有材料放入面包机桶内。

4 揉面15~20分钟后加入软化的黄油，再次揉面15~20分钟，揉面结束。

5 盖上保鲜膜或湿布，放在温暖湿润处发酵至原来的2.5倍大。

6 取出发酵好的面团，排气后分成6等份，滚圆后盖上保鲜膜松弛10分钟。

7 将面团整形成长约45厘米的长条，一端贴近螺管模具的尖头处，一圈圈绕完长条。

8 将卷好的面包坯排放在烤盘里，进行二次发酵，发酵至原来的1.5倍大。

9 烤箱180℃预热，中层烤约15分钟至表面金黄；可可卡仕达酱装入裱花袋中，最后挤在面包里即可。

肉松面包

🍞 烤焙温度 180℃　　⏱ 烘烤时间 20~25 分钟

成品6个

面团材料	表面装饰
高筋面粉 200 克	沙拉酱 2 匙
低筋面粉 50 克	（具体做法见 262 页）
无盐黄油 25 克	肉松适量
细砂糖 40 克	
盐 2 克	
酵母 3.5 克	
全蛋液 25 克	
牛奶 25 克	
水 115 克	

1 将面团材料里除无盐黄油外的其他材料放入面包机桶内，启动和面程序。

2 20分钟后1个和面程序结束，加入软化的黄油，再次启动和面程序，将面团揉至完全阶段。

3 启动面包机发酵程序，基础发酵至原来的2.5倍大。

4 取出发酵好的面团并按压排气，分割成6等份，滚圆后盖上保鲜膜松弛15分钟。

5 取一份面团擀成椭圆形，从上往下卷起。

6 整成橄榄形，依次做好所有的面包坯。

7 排放在铺了油纸的烤盘里。放在温暖湿润处二次发酵至原来的2倍大。

8 烤箱预热180℃，中层烤20~25分钟。

9 取出烤好的面包，晾凉后在面包表面刷上沙拉酱。

10 面包表面蘸满肉松即可。

奶酥面包

🔲 烤焙温度 180℃　⏱ 烘烤时间 18 分钟

成品6个

面团材料	表面装饰（奶酥糊）
高筋面粉200克	无盐黄油40克
低筋面粉20克	糖粉25克
无盐黄油20克	低筋面粉15克
细砂糖30克	
盐1克	
酵母粉3克	
全蛋液15克	
水120克	

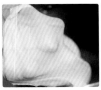

1 将面包材料里除无盐黄油外的其他材料混合，揉至面团光滑、面筋扩展时，加入软化黄油，继续揉至能拉出薄膜的完全阶段。

2 盖保鲜膜发酵至原来的2~2.5倍大。手指蘸面粉戳洞，洞口不塌陷、不回弹。

3 将面团排气，分成6等份，滚圆后盖保鲜膜松弛10分钟。

4 将松弛好的面团全部整成橄榄形，二次发酵至原来的2倍大。

5 将表面装饰材料中的无盐黄油软化后加入糖粉。

6 搅拌均匀，稍微打发。

7 筛入低筋面粉。

8 继续搅打奶油成糊状，即为奶酥糊。

9 将奶酥糊装入裱花袋中挤在面包表面。

10 烤箱预热至180℃，中层烤约18分钟即可。

炼乳胚芽小餐包

烤焙温度
180℃

烘烤时间
30 分钟

成品9个

中种面团材料

高筋面粉280克
水 168克
酵母4.5克

主面团材料

高筋面粉120克
细砂糖32克
盐5克
炼乳80克
全蛋液40克
水 10~20克
无盐黄油32克

表面装饰

全蛋液适量
小麦胚芽适量

模具

正方形烤盘1个

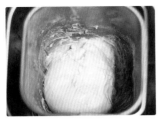

1 将中种面团材料混合后揉匀。

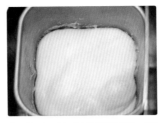

2 启动面包机发酵程序，将面团放温暖湿润处发酵至约原来的3倍大。

3 将中种面团撕成小块，与主面团中除无盐黄油以外的所有材料混合，启动和面程序，揉至面筋扩展、表面光滑。

4 加入软化的黄油。

5 继续揉至面团可以拉出大片透明薄膜的完全阶段。

6 将面团放入盆中，放温暖湿润处发酵至原来的2倍大小。

7 面团取出后排气，分成9等份，滚圆并排放在烤盘上。

8 二次发酵至原来的2倍大。

9 表面刷上全蛋液，撒上小麦胚芽。

10 放入预热至180℃的烤箱，中层，上下火烤30分钟左右至表面金黄即可。

TIPS

① 面包上色后需加盖锡纸，防止上色过度，以锡纸哑光面接触食物。

② 没有小麦胚芽可以用芝麻代替；也可以不刷全蛋液。

糯米粉餐包

🖥 烤焙温度 180℃　　⏱ 烘烤时间 15分钟

面团材料
高筋面粉210克
糯米粉40克
细砂糖28克
盐3克
奶粉10克
酵母3克
蛋液35克
牛奶130克
无盐黄油20克

表面装饰
无盐黄油适量

模具
12连麦芬蛋糕模具
1个

TIPS
如果没有不粘模具，需要事先在模具内抹软化黄油，再筛上薄薄一层面粉以防粘。

1 将面团材料里除无盐黄油外的其他材料混合。

2 揉至面团光滑面筋扩展时加入软化的黄油，继续揉至能拉出有韧性的薄膜的完全阶段。

3 将面团滚圆放入容器中，放在温暖湿润处进行基础发酵。

4 面团发至约原来的2.5倍大，用手指蘸面粉在面团上戳个洞，洞口不回缩、不塌陷即发酵完成。

5 取出发酵好的面团排气，分成等量的24个面团，盖上保鲜膜滚圆松弛10分钟。

6 将松弛好的面团再次滚圆，搓成椭圆形，每2个1组整齐排放在模具中，放在温暖湿润处二次发酵至原来的2倍大。

7 将软化的无盐黄油装入裱花袋内，袋子前端剪一小口，将黄油挤在两个面团中间。

8 放入预热好的烤箱，中层，上下火180℃烤约15分钟。出炉后立刻脱模放凉即可。

蜂蜜小餐包

🔥 烤焙温度 180℃   ⏱ 烘烤时间 20 分钟

成品16个

面团材料	表面装饰
高筋面粉 200 克	全蛋液适量
低筋面粉 50 克	杏仁片适量
蜂蜜 55 克	**模具**
盐 2.5 克	
酵母 3 克	21.5 厘米 × 21.5 厘米
牛奶 125 克	正方形烤盘 1 个
全蛋液 32 克	
无盐黄油 25 克	

TIPS

①夏季制作时，牛奶和鸡蛋要用冷藏的。

②发酵的时候一定不要用面包机的发酵功能，室温发酵就可以；注意要多看几次，避免面团发酵过头。

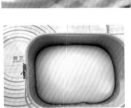

1 将所有面团材料中除无盐黄油外的所有材料放入面包机桶内。

2 启动揉面程序，约20分钟后加入软化的无盐黄油，再次揉面20分钟左右至可以拉出大片透明结实薄膜的完全阶段。

3 将揉好的面团盖上保鲜膜发酵至原来的2.5倍大。

4 取出发酵好的面团排气。

5 将面团分割成16等份，滚圆排放在烤盘里。

6 放在温暖湿润处二次发酵至原来的2倍大，表面刷全蛋液，撒杏仁片。

7 烤箱预热至180℃，烤20分钟左右至表面金黄即可，取出放凉后密封装袋保存。

鸡蛋奶酪面包

成品6个

中种面团材料

高筋面粉250克
盐3克
细砂糖30克
奶粉10克
酵母3克
牛奶160克
无盐黄油20克

表面装饰

熟鸡蛋5个
高筋面粉适量
马苏里拉奶酪碎适量

扫码看同步视频

做法

1 将面团材料中除无盐黄油外的所有材料放入厨师机内。

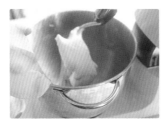

2 混合搅拌至面团可以拉出稍透明但易破的膜。

3 加入软化黄油,继续揉至能拉出薄膜且有韧性的扩展阶段。

4 将面团滚圆放入容器中,放在温暖湿润处进行基础发酵。

5 面团发酵至原来的2.5倍大,用手指蘸面粉在面团上戳个洞,洞口不回缩、不塌陷即可。

6 取出发酵好的面团排气,分成6等份,滚圆后盖上保鲜膜松弛20分钟。

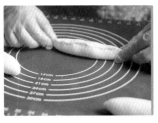

7 将松弛好的面团擀成椭圆形面片,翻面后卷成两头稍尖的橄榄形,捏紧底部收口。

8 依次整形好所有的面团,收口朝下排放在烤盘上。

9 放在温暖湿润处二次发酵至原来的2倍大,在面包坯表面均匀地筛上一层高筋面粉。

10 用割包刀片在表面上划上一道深约1厘米的长刀口。

11 在面包坯表面撒上马苏里拉奶酪碎,再放上切片的鸡蛋。

12 放入预热好的烤箱,中层上下火190℃烤约18分钟。

蓝莓果酱牛奶排包

⬛ 烤焙温度 175℃　　⏱ 烘烤时间 15~20 分钟

成品8个

面团材料	表面装饰
高筋面粉 250 克	蓝莓果酱适量
细砂糖 45 克	全蛋液适量
盐 3 克	
水 110 克	
全蛋液 25 克	
无盐黄油 20 克	
酵母 3~5 克	

1 将面团材料里除无盐黄油和蓝莓果酱外的其他材料放入面包机桶内，面团揉至完全阶段，撑开有不易破裂的薄膜。

2 进行基础发酵，面团发酵至原来的2~2.5倍大，以手指蘸面粉戳洞不立刻回缩即为发酵完成。

3 将面团排气，分成8等份并滚圆，盖保鲜膜松弛10~15分钟。

4 取一份松弛后的面条擀成椭圆形。

5 卷成长条状，依次卷好所有的面团。

6 卷好的面包坯放入烤盘中，烤箱内放一盆热水，二次发酵40分钟至原来的2倍大。

7 表面刷全蛋液，挤上蓝莓果酱。

8 烤箱预热至175℃，烤15~20分钟，至表面金黄即可。

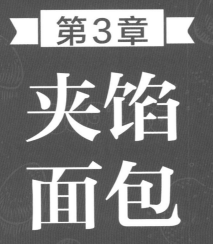

第3章

夹馅
面包

椰蓉奶酥小餐包

烤焙温度
180℃

烘烤时间
20 分钟

成品 10 个

面团材料	表馅（奶酥馅）	表面装饰
高筋面粉 250 克	无盐黄油 75 克	全蛋液适量
盐 3 克	全蛋液 20 克	椰蓉适量
细砂糖 30 克	糖粉 30 克	
全蛋液 40 克	奶粉 90 克	
牛奶 115 克		
酵母 3 克		
无盐黄油 20 克		

扫码看同步视频

做法

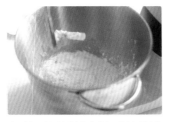

1 将面团材料中除无盐黄油外的所有材料放入厨师机内。

2 混合搅拌至面团可以拉出稍透明但易破的膜。

3 加入软化黄油,继续揉至能拉出薄膜且有韧性的扩展阶段。

4 将面团滚圆放入容器中,放在温暖湿润处进行基础发酵。

5 面团发酵至原来的2.5倍大,用手指蘸面粉在面团上戳个洞,洞口不回缩、不塌陷即可。

6 取出发酵好的面团排气,分成10等份。将面团整成圆形,盖保鲜膜松弛15分钟。

7 将松弛好的面团擀成圆形面片,翻面后包上奶酥馅,捏紧收口处,依次包好所有的面团。

8 在包好馅料的面团表面刷上全蛋液,再放入椰蓉里滚一下,让面包表面裹满椰蓉,排放在烤盘上。

9 将面包坯放在温暖湿润处二次发酵至原来的2倍大。

奶酥馅做法

将软化黄油加入糖粉、盐,用打蛋器搅拌均匀,再分2次加入全蛋液继续搅拌均匀,最后倒入奶粉拌匀即可。放入冰箱冷藏10分钟后将奶酥馅分成10等份,搓圆备用。

10 放入预热好的烤箱,中层180℃烤约20分钟即可。

鲜奶雪露面包

烤焙温度
180℃

烘烤时间
18~20分钟

成品6个

面团材料	夹馅（奶油馅）	表面装饰（泡芙馅）
高筋面粉250克	无盐黄油60克	高筋面粉30克
奶粉4克	淡奶油60克	无盐黄油20克
酵母3克	糖粉20克	水57克
细砂糖30克	蜂蜜25克	全蛋液45克
盐2克	奶粉30克	糖粉适量
水130克		
全蛋液37克		
无盐黄油25克		

奶油夹馅做法

无盐黄油充分软化，加入糖粉，打发至松化发白的羽毛状态，再加入蜂蜜搅拌均匀；加入奶粉，用刮刀轻轻拌匀；最后加入淡奶油拌匀即可装入裱花袋里备用。（如果天热，奶油夹馅最好冷藏20分钟再挤入面包内）

表面装饰（泡芙馅）做法

无盐黄油和水放入锅中，煮沸后迅速倒入高筋面粉；关火搅拌均匀，分三次加入全蛋液；搅拌均匀即可装入裱花袋里备用。

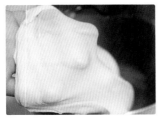

1 将面团材料里除无盐黄油外的所有材料混合，揉到面团扩展产生筋度，加入软化的黄油继续揉至面团能拉出大片薄膜。

2 揉好的面团放在温暖湿润处发酵至原来的2倍大。将发酵好的面团分割成6等份，滚圆盖上保鲜膜松弛15分钟。

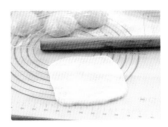

3 取一份面团，擀成偏方形的面片。

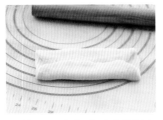

4 将面团上部向中间折起，再将下边也向中间折起。

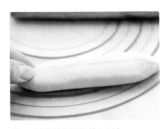

5 对折并捏紧收口处。

6 依次处理好面团，将收口朝下排放在烤盘中。

7 放在温暖湿润处二次发酵至原来的2倍大。

8 在发酵好的面包坯表面刷一层全蛋液，挤上泡芙馅条纹。

9 烤箱180℃预热，中下层烤18~20分钟。出炉之后立刻脱模，放晾网冷却。

10 将面包中间切开(不要切到底)。

11 挤上做好的奶油馅，筛少许糖粉在表面即可。

TIPS
① 制作奶油馅时，加入奶粉后不宜用打蛋器搅拌，容易水油分离，用刮刀小心拌匀；奶粉加入后可能略有颗粒感，加入淡奶油后拌匀即可溶解。
② 用花嘴挤入奶油馅即可，花嘴型号不限。

奶油夹心面包

成品5个

面团材料
高筋面粉 250 克
细砂糖 50 克
盐 3 克
酵母 4 克
奶粉 10 克
全蛋液 30 克
牛奶 135 克
无盐黄油 22 克

夹馅
淡奶油 100 克
细砂糖 15 克

表面装饰
椰蓉适量
无盐黄油适量

1 将面团材料里除无盐黄油以外的所有材料混合。

2 揉到面团光滑能出粗膜时，加入软化黄油继续揉至面团能拉出大片薄膜的完全阶段。

3 将面团收圆放入盆中，盖上保鲜膜进行基础发酵。

4 在温暖湿润处发酵至原来的2.5倍大。

5 取出发酵好的面团，按压排出面团内气体。

6 将发酵好的面团分割成5等份，滚圆盖上保鲜膜松弛15分钟。取一份面团，擀成椭圆形的面片。

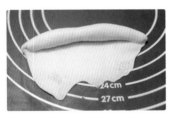

7 翻面，压薄底边，从上往下卷起，捏紧接口处，再将面团搓长一些。

8 依次处理好所有的面团，整齐排放在烤盘中。

9 放入烤箱，下面再放一盘热水，进行二次发酵，至原来的2倍大。

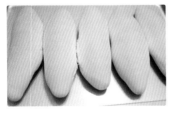

10 烤箱180℃预热，中层烤约18分钟即可。

11 将无盐黄油隔水熔化成液体，用刷子刷在放凉的面包表面，然后均匀地蘸一层椰蓉。

12 淡奶油加细砂糖打发，装入裱花袋。面包从中间切开（不要切断），将奶油挤在切口处即可。

凤梨奶酪面包

🔲 烤焙温度 180℃　🕐 烘烤时间 40 分钟

面团材料	夹馅（凤梨奶酪馅）
高筋面粉 250 克	奶油奶酪 300 克
低筋面粉 50 克	细砂糖 65 克
细砂糖 40 克	无盐黄油 70 克
盐 4 克	玉米淀粉 20 克
奶粉 10 克	凤梨果丁 80 克
酵母 4 克	凤梨果肉片适量
全蛋液 28 克	全蛋液 2 个
水 165 克	
无盐黄油 28 克	**模具**
	8 寸圆形模具 1 个

凤梨奶酪馅做法

奶油奶酪室温下软化，加入细砂糖用打蛋器搅拌均匀；加入全蛋液再次搅打至奶酪和全蛋液完全混合均匀；再加入充分软化的黄油和玉米淀粉，继续搅拌均匀至奶酪呈顺滑状，最后加入凤梨果丁拌匀即可。

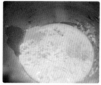

1 将面团材料里除无盐黄油以外的所有材料混合。

2 揉至面团光滑面筋扩展时加入软化黄油，继续揉至能拉出薄膜且有韧性的扩展阶段。

3 将面团滚圆装入容器中，放在温暖湿润处进行基础发酵。

4 面团发酵至原来的 2.5 倍大，用手指蘸面粉在面团上戳个洞，洞口不回缩、不塌陷即发酵完成。

5 取出发酵好的面团排气，分成 10 等份，盖上保鲜膜滚圆松弛 15 分钟。

6 将松弛好的面团再次滚圆整齐排放在模具中。

7 放在温暖湿润处二次发酵至原来的 2 倍大。

8 将拌好的凤梨奶酪馅倒在面团上，再铺上凤梨果肉片。

9 放入预热好的烤箱，180℃烤约 40 分钟。出炉后立刻脱模、放凉。

金枪鱼面包

🔲 烤焙温度 180℃　⏱ 烘烤时间 20~25 分钟

成品8个

面团材料	表面装饰
高筋面粉250克	全蛋液适量
细砂糖20克	金枪鱼罐头半盒（约
盐3克	90克）
酵母3克	玉米粒适量
全蛋液35克	沙拉酱1大匙
水130克	（具体做法见262页）
无盐黄油15克	
	模具
	面包纸托8个

TIPS

烘烤时注意观察面包上色情况，如中途上色合适要及时加盖锡纸，防止上色过度。

1 将面团材料里除无盐黄油以外的所有材料混合。

2 揉到面团光滑、出粗膜时，加入软化黄油继续揉至能拉出比较结实的半透明薄膜。

3 将面团滚圆装入容器中，放在温暖湿润处进行基础发酵。

4 面团发至原来的2.5倍大，用手指蘸面粉在面团上戳洞，洞口不回缩、不塌陷即可。

5 取出发酵好的面团，按压排出面团内气体。

6 将发酵好的面团分割成8份，滚圆，盖上保鲜膜松弛15分钟。

7 取一份面团，擀成圆形的面片。

8 将圆形的面片放入面包纸托内，用手按压成中间薄两边厚的凹陷状。

9 放在温暖湿润处二次发酵后在表面刷全蛋液，放上金枪鱼肉、玉米粒；挤上沙拉酱。

10 烤箱180℃预热，中层烤20~25分钟即可。

紫米面包

烤焙温度
190℃

烘烤时间
18 分钟

成品9个

面团材料
高筋面粉215克
低筋面粉35克
细砂糖22克
奶粉18克
盐 3 克
酵母3.5克
水155克
无盐黄油18克

夹馅
紫糯米饭300克
细砂糖适量

表面装饰
黑芝麻少许

1 将面团材料里除无盐黄油以外的所有材料混合。

2 揉至面团光滑能出粗膜时，加入软化黄油继续揉至面团能拉出比较结实的半透明薄膜。

3 将面团收圆放入盆中，盖上保鲜膜进行基础发酵。

4 在温暖湿润处发酵至原来的2.5倍大，用手指蘸面粉戳个洞，洞口不会马上回缩或塌陷即发酵完成。

5 取出发酵好的面团，按压排出面团内气体。将发酵好的面团分割成9等份，滚圆，盖上保鲜膜松弛15分钟。

6 煮熟的紫糯米饭加适量细砂糖拌匀成紫米馅，放凉后备用。

7 松弛好的面团擀成圆形，翻面后包上紫米馅。

8 捏紧收口处，依次处理好所有的面团。

9 将处理好的面团，收口朝下整齐排放在烤盘中。

10 放在约35℃的温暖环境下，二次发酵至原来的2倍大。表面用喷壶喷少许水，再撒上黑芝麻。

11 在面团上盖上一个烤盘。

12 烤箱190℃预热，中下层烤约18分钟即可。

黑椒里脊汉堡包

成品8个

面团材料
高筋面粉230克
低筋面粉20克
水120克
酵母3克
细砂糖35克
盐3克
全蛋液28克
无盐黄油25克

夹馅
番茄2个
猪里脊肉片100克
奶酪片8片
生菜叶8片
鸡蛋4个
盐适量
黑胡椒粉适量
生抽1汤匙

水淀粉1汤匙
植物油适量

表面装饰
全蛋液适量
黑芝麻1汤匙

1 将面团材料里除无盐黄油外的所有材料放入面包机桶内。

2 选择和面程序,15~20分钟后加入软化的黄油,再次启动和面程序,继续揉15~20分钟,和面结束,面团揉至扩展阶段。

3 揉好的面团盖上保鲜膜,放在温暖处湿润发酵至原来的2~2.5倍。

4 取出发酵好的面团,按压排出面团内空气,均匀分割成8等份。

5 将面团整成圆形,排放在烤盘中,放在温暖湿润处二次发酵至原来的2倍大。

6 表面刷上全蛋液,撒上黑芝麻。烤箱预热至180℃,放在中层烘烤约18分钟,汉堡坯就做好了。

7 准备好汉堡坯和夹馅材料。

8 猪里脊肉切薄片,加盐、黑胡椒粉、1汤匙生抽、1汤匙水淀粉抓匀,腌制15分钟。

9 平底锅里倒少许植物油烧热,放入腌好的里脊肉片煎熟。

10 将鸡蛋煎熟,番茄洗净切薄片,生菜洗净沥干水分备用。

11 汉堡坯从中间横切成两半,取一半汉堡坯,放上生菜叶、奶酪片、番茄片、里脊肉片和煎蛋。

12 覆盖上另外一半汉堡坯即可。

花生酱手撕面包

烤焙温度
180℃

烘烤时间
25~30 分钟

成品1个

面团材料
高筋面粉300克
牛奶185克
奶粉40克
细砂糖45克
盐3.5克
无盐黄油32克
酵母3.5克

夹馅
香浓花生酱5大匙
(具体做法见262页)

模具
7寸中空戚风蛋糕
模具1个

1 将面团材料中除无盐黄油以外的所有材料混合。

2 揉成光滑的面团，加入无盐黄油继续揉至完全阶段，即可以拉出大片透明结实的薄膜状。

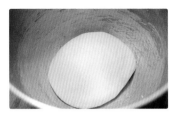

3 揉好的面团放入容器内，盖上保鲜膜。

4 放在温暖湿润处进行基础发酵，至原来的2~2.5倍大，手指蘸粉在面团上戳洞，洞口不回弹、不塌陷即发酵完成。

5 将发酵好的面团取出，轻拍排气，滚圆后盖上保鲜膜松弛20分钟。

6 将面团擀成薄的长方形的大面片。

7 均匀抹上花生酱，再将面片等切成6等份。

8 将切好的长条形面片一片片叠放。

9 再切成等大的方块状。

10 将面块横铺在吐司模具内。

11 放在温暖湿润处二次发酵至原来的2倍大。

12 烤箱180℃预热，放入中下层，上下火烤25~30分钟至表面呈金黄色即可。

柠檬卡仕达面包

🔲 烤焙温度 180℃　🕐 烘烤时间 18 分钟

成品10个

面团材料	夹馅（柠檬卡仕达酱）
高筋面粉 300 克	牛奶 200 克
细砂糖 55 克	细砂糖 60 克
盐 3.5 克	蛋黄 2 个
酵母 4 克	玉米淀粉 18 克
奶粉 10 克	柠檬皮屑少许
蛋黄液 35 克	无盐黄油 12 克
淡奶油 15 克	柠檬汁 25 克
水 140 克	
无盐黄油 45 克	**表面装饰**
	全蛋液适量

柠檬卡仕达酱夹馅做法

将柠檬卡仕达夹馅里的所有材料混合，用手动打蛋器搅拌均匀；放入锅中，小火加热；边煮边不停搅拌，直到变得浓稠开始凝固立刻关火，放凉后备用。

1 将面团材料里除无盐黄油以外的所有材料混合，揉到面团光滑能出粗膜时，加入软化黄油继续揉面。

2 揉至面团能拉出大片薄膜的完全阶段。将面团收圆放入盆中放在温暖处发酵至约原来的2.5倍大。

3 取出发酵好的面团，按压排出面团内气体。将发酵好的面团分割成10份，滚圆，盖上保鲜膜松弛20分钟。

4 取一份松弛好的面团，擀成圆形的面片。

5 翻面，放上约30克的柠檬卡仕达酱夹馅。

6 将面片像包饺子一样对折，压紧收口处。

7 用刮板在边缘切三刀。

8 依次处理好所有的面团，整齐排放在烤盘中。

9 放在温暖湿润处二次发酵至原来的2倍大。

10 表面刷全蛋液，烤箱180℃预热后，中层烤约18分钟即可。

蔓越莓奶酥包

□ 烤焙温度 180℃　 ⊙ 烘烤时间 15分钟

成品16个

面团材料	夹馅（蔓越莓奶酥馅）
高筋面粉220克	无盐黄油60克
酵母3克	糖粉25克
细砂糖35克	全蛋液20克
全蛋液35克	奶粉60克
奶粉10克	蔓越莓干40克
淡奶油12克	
牛奶105克	**表面装饰**
无盐黄油20克	全蛋液适量
	香酥粒适量
	（具体做法见72页）

蔓越莓奶酥馅做法

无盐黄油软化后加入糖粉打至膨松发白，加入全蛋液搅拌均匀至完全吸收，再加入奶粉搅拌均匀即成奶酥馅，最后加入蔓越莓干混合搅匀，略微冷藏一下，使其变硬即可。

1 将面团材料里除无盐黄油外的所有材料混合，启动面包机和面程序，揉面20分钟。

2 加入软化的黄油，再次启动和面程序，约20分钟后结束。

3 将面团揉至扩展阶段。

4 进行基础发酵，面团发酵至原来的2~2.5倍大。

5 取出发酵好的面团并按压排气，分割成16等份，滚圆松弛15分钟。

6 取一份面团用手掌压扁，包入适量蔓越莓奶酥馅。

7 捏紧收口处，否则烘烤的过程中会裂开。依次处理好各面团，将面包坯收口朝下排入烤盘。

8 进行二次发酵，约50分钟后在面包坯表面刷全蛋液，撒上香酥粒。

9 烤箱180℃预热，烤约15分钟即可。

豆沙面包

烤焙温度
180℃

烘烤时间
20 分钟

成品8个

面团材料

高筋面粉200克
低筋面粉22克
细砂糖26克
全蛋液26克
酵母3克
无盐黄油15克
盐2克
牛奶115克
奶粉15克

夹馅

豆沙馅250克
(具体做法见263页)

表面装饰

杏仁片适量
全蛋液适量

1 将面团材料里除无盐黄油外的所有材料放入面包机桶内,揉到面团光滑能出粗膜。

2 加入软化的黄油继续揉至面团能拉出比较结实的半透明薄膜的状态。

3 和面程序结束后,面团的状态如图所示。

4 上盖一层保鲜膜,放在温暖湿润处发酵至原来的2~2.5倍大,基础发酵结束。

5 将发酵好的面团取出按压排出面团内空气,切割成8等份。

6 滚圆,并将豆沙馅分成8等份。

7 将面团擀扁,包上豆沙馅,捏紧收口处。

8 依次将所有豆沙包入面团。

9 处理好的面团盖上保鲜膜松弛15分钟后用手掌压扁。

10 用剪刀沿面包坯周围各剪8刀,松弛20分钟。

11 面包坯表面刷全蛋液,撒上杏仁片。

12 烤箱180℃预热,中层烤20分钟至表面呈金黄色即可。

蔓越莓面包块

成品 36 个

面团材料

高筋面粉 200 克
低筋面粉 50 克
酵母 3 克
水 135 克
全蛋液 20 克
奶粉 12 克
细砂糖 45 克

盐 2.5 克
无盐黄油 25 克
蔓越莓干 40 克
蜂蜜 10 克

表面装饰

全蛋液适量

TIPS

① 面团放入冰箱冷冻是为了后面好整形，最后擀好的面皮厚度约 1 厘米；冻到面团变硬但是可以擀开的程度，具体时间长短由面团厚度和冰箱温度来决定。

② 受面粉吸水性的影响，配方也可能出现面团湿黏度不一样的情况，所以液体量要灵活添加，可以留 10~15 克酌情添加，以面团柔软不粘手为宜。

做法

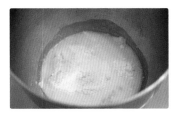

1 将面团材料中除无盐黄油和蜂蜜以外的所有材料混合，揉成光滑的面团。

2 面团揉至粗膜状态后加入软化的黄油继续揉至扩展阶段，可以扯出较为结实的半透明薄膜。

3 揉好的面团盖保鲜膜放在温暖处进行基础发酵至原来的2.5倍大，手指蘸面粉在面团上戳个洞、洞口不塌陷、不回弹。

4 将面团按压排气，放入冰箱冷冻松弛20分种；取出松弛好的面团，擀成面片，刷一层蜂蜜，中间撒上切碎的蔓越莓干。

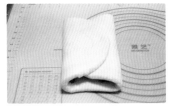

5 两侧分别向中间1/3处折叠。

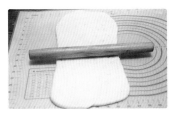

6 顺着上下方向擀长。

7 上下分别向中间1/3处再次折叠。

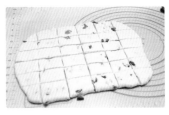

8 最后擀成约30厘米×35厘米的长方形面片，再用刀将面片切成合适大小的方块。

9 将面包块均匀地码放在烤盘上。

10 放在温暖湿润（温度38℃，相对湿度约75%）的环境下最终发酵至原来的2倍大，表面刷薄薄的全蛋液。

11 烤箱预热至190℃，中层上下火烤10分钟。

12 出炉后放凉至手心温度，装袋保存即可。

蒜香欧芹鲜奶面包

烤焙温度
180℃

烘烤时间
20分钟

成品8个

面团材料	夹馅（蒜蓉欧芹馅）
高筋面粉200克	无盐黄油25克
低筋面粉50克	盐1克
细砂糖20克	蒜泥12克
盐3克	欧芹碎1小勺
酵母3克	
全蛋液30克	
牛奶132克	
无盐黄油25克	

做法 ••

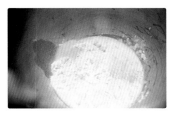

1 将面团材料里除无盐黄油以外的材料混合。

2 揉至面团光滑、面筋扩展时加入软化黄油，继续揉至能拉出薄且有韧性膜的扩展阶段。

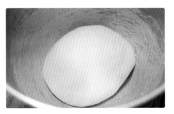

3 将面团滚圆放入容器中，放在温暖湿润处进行基础发酵。

4 面团发酵至原来的2.5倍大，用手指蘸面粉在团上戳个洞，洞口不回缩、不塌陷即发酵完成。

5 取出发酵好的面团排气，分成等量的8个面团，滚圆后盖上保鲜膜松弛15分钟。

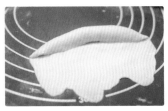

6 将松弛好的面团擀成椭圆形，翻面后压薄底边，从上往下卷起成橄榄形，捏紧收口处。

7 收口朝下整齐排放在烤盘中，放在温暖湿润处二次发酵至原来的2倍大。

8 将蒜蓉欧芹馅材料中的无盐黄油放室温下软化，和其他材料混合拌匀。

9 拌好的馅装入裱花袋内，前端剪一个小口。

10 发酵好的面包坯用割包刀在中间划一道刀口，深度不超过1厘米。

11 在划开的刀口处挤上蒜蓉欧芹馅。

12 放入预热好的烤箱，中层180℃上下火烤约20分钟至表面呈金黄色，出炉后脱模，放凉。

肉松面包卷(汤种)

烤焙温度
170℃

烘烤时间
15分钟

成品4个

汤种面团材料
牛奶85克
高筋面粉15克

主面团材料
高筋面粉170克
中筋面粉80克
酵母4克
盐3克
细砂糖25克
奶粉20克
全蛋液52克
牛奶85克
无盐黄油38克

表面装饰
全蛋液适量
黑芝麻少许
葱花适量
肉松100克
沙拉酱适量
(具体做法见262页)

1 将汤种面团材料混合，开小火，边煮边搅拌，直至成糊状。放凉后盖上保鲜膜备用。

2 将主面团材料中除无盐黄油外的其他材料都放入面包机，启动和面程序。

3 1个和面程序结束后，放入软化的黄油，再次启动和面程序，揉至扩展阶段。

4 盖上保鲜膜，将面团放置在温暖湿润处，发酵至原来的2.5倍大。手指蘸面粉戳洞，洞口不塌陷不回弹即发酵完成。

5 取出发酵好的面团，用手按压排气，盖上保鲜膜松弛15分钟。

6 用擀面杖擀成烤盘大小的长方形。

7 放在温暖湿润处进行二次发酵，直到面团体积膨胀至原来的2倍大。

8 表面刷全蛋液，撒上葱花和黑芝麻。

9 烤箱预热至170℃，烤盘置于中层，烤15分钟至表面金黄，用手按压表皮能立刻回弹即可。

10 将面饼背面用刀浅浅地割几道刀口，抹上沙拉酱。

11 晾凉一会，微温后把面饼卷起来定型，去除烤纸。

12 用刀将面包卷切成4段。

13 面包两端抹上沙拉酱。

14 再将两端均匀地蘸上肉松即可。

TIPS

① 面包出炉后稍放凉，这时表皮不像刚出炉时那么干，会变得湿软一点，这时开始卷不容易开裂。

② 二次发酵时可以用叉子叉一些小洞，这样能防止面团在烘烤时鼓起来。

香葱面包

烤焙温度
180℃

烘烤时间
25 分钟

成品8个

面团材料

高筋面粉 200 克
低筋面粉 50 克
无盐黄油 23 克
细砂糖 40 克
盐 2 克
酵母 3 克
全蛋液 23 克

牛奶 23 克
水 110~120 克

夹馅（香葱馅）

无盐黄油 35 克
全蛋液 20 克
葱花适量
盐少许

做法

1 将面团材料中除无盐黄油外的所有材料放入面包机桶内，启动和面程序，20分钟后1个和面程序结束后，加入软化的黄油。

2 再次启动和面程序，使面团揉至完全阶段。

3 启动面包机发酵程序，基础发酵至原来的2.5倍大。

4 取出发酵好的面团按压排气，分割成8等份，滚圆后盖上保鲜膜松弛15分钟。

5 取一份面团擀成椭圆形，再从上往下卷起，整成橄榄形。

6 依次做好所有的面包坯，排放在铺了油纸的烤盘里。

7 放入温暖湿润处二次发酵至原来的2倍大，用刀在表面划一道切口。

8 在刀口处填入香葱馅。

9 烤箱预热至180℃，放置中层烤约25分钟，至面包表面呈金黄色，用手按压，凹印能立刻回缩即可。

香葱馅做法

黄油软化后搅打至发白，体积稍膨大，分3次加入全蛋液搅打均匀，每一次要等蛋液完全搅打均匀才能加入下一次；葱洗净沥干水分，切碎后加入搅打均匀的黄油中，拌匀即可。

> **TIPS**
>
> 划刀口时面包会有点回缩变皱，很正常，不需要在意，烤的时候自然会膨胀。

香葱奶酪肉松面包

□ 烤焙温度 180℃　　⏱ 烘烤时间 18分钟

成品6个

面团材料	夹馅
高筋面粉 300克	肉松适量
低筋面粉 35克	
细砂糖 60克	**表面装饰**
鸡蛋 35克	全蛋液适量
盐 4克	片状奶酪2片（切条）
即发干酵母 4克	沙拉酱适量
奶粉 14克	（具体做法见262页）
水 175克	葱花适量
无盐黄油 40克	

1 将面团材料里除无盐黄油外的所有材料放入面包机桶内，启动和面程序。

2 第1个和面程序结束，面团揉至较光滑状，加入软化的黄油，再次启动和面程序，继续揉面15分钟。

3 2个和面程序结束后面团已揉至完全阶段，收圆放在面包桶中。

4 启动发酵功能，盖上保鲜膜，盖上面包机的盖子。发酵结束后，面团发酵至原来的2倍大。

5 取出面团排气后，将面团分割成6等份，滚圆后盖上保鲜膜松弛15分钟。

6 取一份面团按扁后擀成椭圆形。翻面后将底边压薄，铺上肉松。

7 自上而下地卷起，捏紧收口处，稍微将面包坯搓长些。

8 依次做好所有的面团，放在烤盘中置于温暖湿润处进行二次发酵。

9 发酵结束，表面先刷一层全蛋液，挤上沙拉酱，铺上奶酪条，再撒上葱花。

10 放入预热好的烤箱中层，180℃烤约18分钟至表面金黄即可。

卡仕达排包

🔲 烤焙温度 180℃　⏱ 烘烤时间 20 分钟

成品6个

面团材料
高筋面粉260克
卡仕达酱160克
糖25克
盐2克
酵母4克
牛奶70克
无盐黄油25克

夹馅（卡仕达酱）
蛋黄2个
细砂糖20克
高筋面粉30克
牛奶130克

表面装饰
全蛋液适量
卡仕达酱35克

模具
21.5厘米×21.5厘米
烤盘1个

1 将卡仕达酱所有材料放入锅内，混合搅拌均匀。

2 小火煮至浆糊状，将做好的卡仕达酱盖上保鲜膜冷藏1小时以上备用。

3 将面团材料里除无盐黄油外的所有材料放入面包机桶内，启动和面程序，约20分钟后加入软化的黄油。

4 再次揉面20分钟左右至出膜。揉好的面团盖上保鲜膜发酵至原来的2.5倍大。取出发酵好的面团排气。

5 分割成6等份，揉圆盖上保鲜膜松弛15分钟。

6 取一份面团擀成椭圆形，翻面后擀薄底边。

7 卷起成长条形依次卷好排放在烤盘中。

8 放在温暖湿润处二次发酵至原来的2倍大。

9 表面刷全蛋液，将卡仕达酱装入裱花袋中，在面包坯表面挤3条。

10 烤箱预热至180℃，烤约20分钟至表面呈金黄色即可。

椰蓉排包

烤焙温度 180℃
烘烤时间 20分钟

成品6个

面团材料

高筋面粉300克
奶粉12克
牛奶150克
全蛋液40克
盐3克
细砂糖45克
无盐黄油25克
酵母3.5克

表面装饰

全蛋液适量

夹馅（椰蓉馅）

无盐黄油50克
细砂糖40克
奶粉20克
全蛋液50克
椰蓉100克
牛奶30克

模具

21.5厘米×21.5厘米烤盘1个

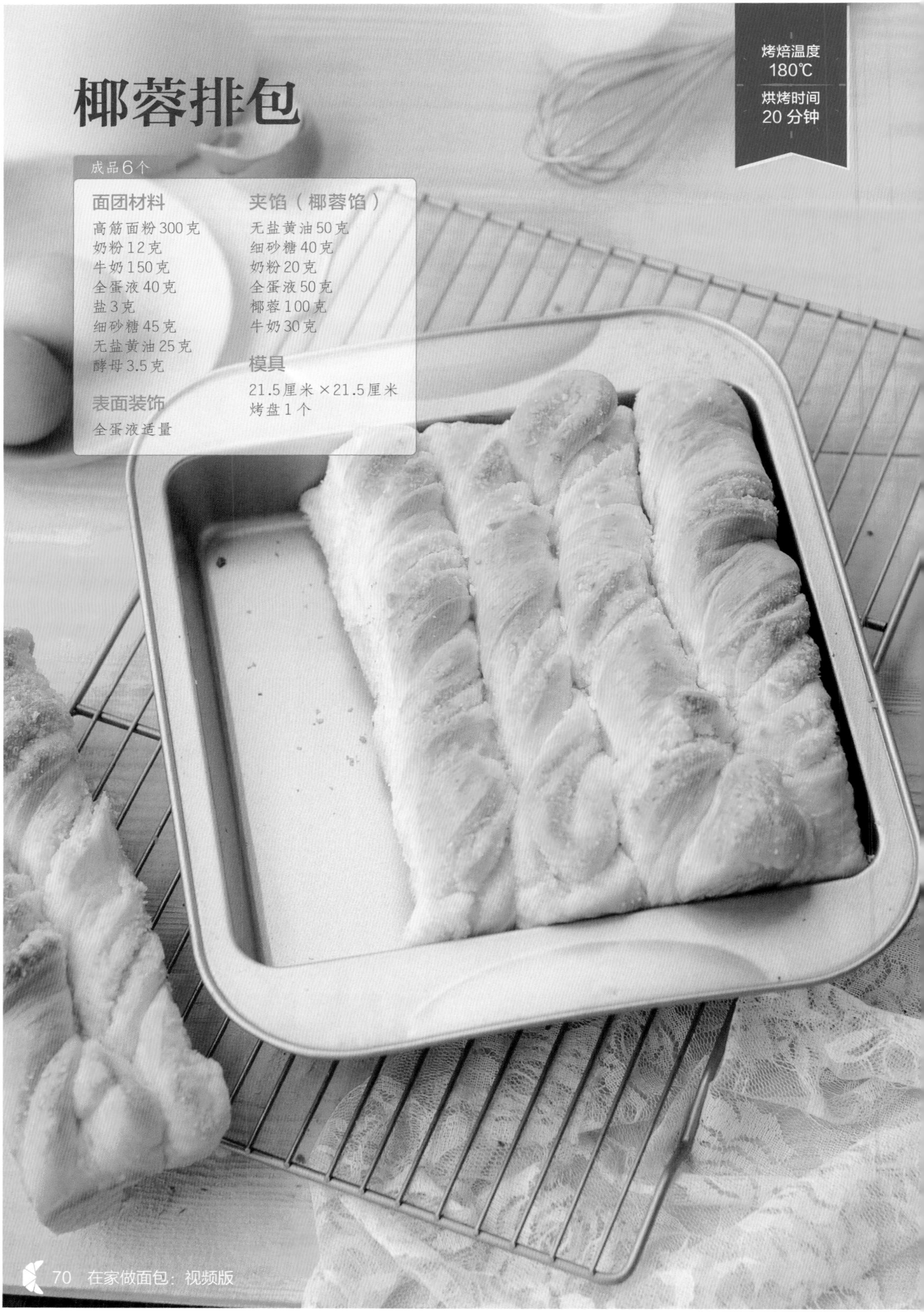

做法

1 将面团材料里除无盐黄油外的所有材料放入面包机桶内,启动和面程序。

2 20分钟后,加入已切小块并软化好的黄油,继续揉面约20分钟至完全阶段,盖上保鲜膜启动面包机发酵程序。

3 面团发酵至原来的2倍大,手指蘸面粉在面团上戳个洞,洞口不回缩即发酵完成。发酵期间可制作椰蓉馅。

4 取出发酵好的面团按压,排出面团内的气体。

5 擀成宽约25厘米的薄面片,将面片的2/3铺上椰蓉馅。

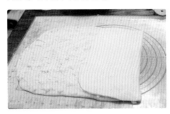

6 将余下的1/3面片折叠覆盖在铺满椰蓉馅的面片上。

7 剩余部分再次折叠上去,形成一个三层的面坯。

8 均匀地切成6份。

9 捏起两端扭两圈,放在烤盘上。

10 依次处理好所有的面包坯,排放在烤盘内。

11 烤盘加盖盖子,放在温暖湿润处二次发酵至原来的2倍大,表面刷全蛋液。

12 烤箱预热至180℃,中层烤约20分钟至表面呈金黄色即可。

椰蓉馅做法

黄油软化后,用手动打蛋器打匀,加入细砂糖和奶粉,搅打均匀;再加入蛋液搅匀;加入椰蓉拌匀,最后加入牛奶,拌匀备用。

TIPS
① 注意扭面包时不要扭得太紧。
② 烤面包时,轻拿轻放,以避免面包变形。

芒果奶酪面包

成品4个

面团材料	夹馅（芒果奶酪馅）
高筋面粉250克	芒果55克
细砂糖35克	奶油奶酪35克
盐4克	细砂糖8克
酵母3.5克	**表面装饰**
全蛋液28克	全蛋液适量
牛奶132克	香酥粒适量
无盐黄油25克	

香酥粒做法

将表面装饰里的细砂糖、低筋面粉和无盐黄
油（提前软化）混合，搓成粗粒即可。

1 将面团材料里除无盐黄油外的所有面团材料混合。

2 揉至面团光滑面筋扩展时加入软化黄油,继续揉至能拉出薄膜且有韧性的扩展阶段。

3 面团滚圆,放在温暖湿润处进行基础发酵至原来的2.5倍大。手指蘸面粉戳洞,洞口不回缩、不塌陷即可。

4 发酵期间,将芒果奶酪馅的所有材料混合,用料理机打成泥状,冷藏备用。

5 取出发酵好的面团排气,分成等量的4个面团,滚圆后盖上保鲜膜松弛15分钟。

6 将松弛好面团擀成椭圆形面片,翻面后压薄底边,中间铺上芒果奶酪馅(边缘不要抹)。

7 从上往下卷起。

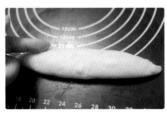

8 收口处捏紧,防止馅料流出。

9 依次处理好所有面团,收口朝下摆放在烤盘中。

10 放在温暖湿润处二次发酵至原来的2倍大。

11 表面刷一层全蛋液,撒上香酥粒。

12 放入预热好的烤箱,180℃烤约25分钟。出炉后取出放在晾网上放凉即可。

蓝莓面包

烤焙温度
180℃

烘烤时间
18~20 分钟

成品 8 个

面团材料	表面装饰
新鲜蓝莓 32 粒	全蛋液少许
牛奶 90 克	高筋面粉少许
高筋面粉 250 克	蓝莓果酱适量
细砂糖 45 克	新鲜蓝莓适量
盐 2 克	
酵母 3 克	
无盐黄油 25 克	

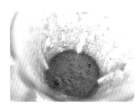
1 将面团材料里的新鲜蓝莓和牛奶放入料理机内搅打成蓝莓奶液。

2 将蓝莓奶液和面团材料里除无盐黄油以外的所有材料混合。

3 揉至面团光滑产生筋度，加入软化黄油。

4 继续揉至面团能拉出大片薄膜。

5 揉好的面团收圆放入容器内。

6 放在温暖湿润处发酵至原来的2倍大。

7 将发酵好的面团取出按压排气。

8 分割成8个等重的面团、滚圆，盖上保鲜膜松弛15分钟。

9 将面团擀成圆形的薄面饼状。

10 排放在烤盘上。

11 放在温暖湿润处，二次发酵至原来的2倍大。

12 发酵好的面包坯表面刷一层全蛋液，擀面杖的一端蘸少许高筋面粉，在面包坯中间戳一个洞。

13 凹洞处放上4粒新鲜蓝莓，再放一小勺蓝莓果酱。

14 烤箱预热至180℃，中层烤18~20分钟至表面呈金黄色即可。

TIPS
顶部的新鲜蓝莓和蓝莓果酱也可以当夹馅直接包在面包内部。

酒渍葡萄干肉桂卷

烤焙温度
180℃

烘烤时间
15 分钟

成品8个

面团材料	夹馅	表面装饰
高筋面粉200克	无盐黄油适量	全蛋液适量
低筋面粉50克	绵白糖70克	
细砂糖25克	肉桂粉2小匙	**模具**
盐4克	葡萄干50克	纸模8个
即发干酵母3克	百利甜酒50克	
全蛋液38克		
牛奶125克		
无盐黄油38克		

1 提前将葡萄干用百利甜酒浸泡2小时备用。

2 将面团材料中除无盐黄油外的所有材料放入面包机桶内，启动和面程序，1个和面程序结束后揉至面团光滑能出粗膜。

3 加入软化黄油继续揉至面团能拉出大片薄膜的完全阶段。

4 将面团收圆放入面包机桶内，覆盖上保鲜膜进行基础发酵。

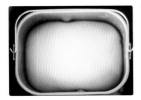

5 发酵至原来的2~2.5倍大。

6 取出面团，按压排出面团内空气，滚圆后松弛15分钟。

7 将夹馅材料里的绵白糖与肉桂粉混合均匀，制成肉桂糖。

8 将松弛好的面团擀成方形的面片。

9 翻面后压薄底边，刷上夹馅材料中熔化的黄油（留部分黄油备用）。

10 在面片上撒上肉桂糖，再铺上浸泡好的葡萄干。

11 将面片从上往下卷起。

12 捏紧底部，切割成8等份。

13 将面包坯放在纸模中。

14 放在温暖湿润处进行最后的发酵。

15 发酵结束后在面包坯表面刷全蛋液。

16 烤箱预热至180℃，将烤盘放在烤箱中层，上下火烤15分钟，出炉后刷上剩余熔化的黄油即可。

红糖杏仁面包

烤焙温度
180℃

烘烤时间
20分钟

扫码看同步视频

成品7个

面团材料	表面装饰
高筋面粉225克	鸡蛋清25克
低筋面粉25克	糖粉25克
盐2.5克	杏仁粉35克
红糖40克	杏仁片适量
酵母2.5克	
无盐黄油30克	
奶粉10克	
杏仁粉10克	
水150克	

1 将面团材料中除无盐黄油外的所有材料混合。

2 揉至面团光滑面筋扩展时加入软化黄油，继续揉至能拉出稍透明但易破的膜。

3 将面团滚圆放入容器中，放在温暖湿润处进行基础发酵。

4 面团发酵至原来的2.5倍大，用手指蘸面粉在面团上戳个洞，洞口不回缩、不塌陷即可。

5 取出发酵好的面团排气，分成等量的7份。

6 整成圆形的面包坯，放入圆形纸模中。

7 摆放在烤盘中放在温暖湿润处二次发酵至原来的2倍大。

8 二次发酵时制作杏仁糊。将糖粉加入鸡蛋清中，再加入杏仁粉搅拌均匀。搅拌好的杏仁糊装入裱花袋中备用。

9 取出发酵好的面包坯，在装有杏仁糊的裱花袋前端剪一小口，将杏仁糊均匀地画圈挤在面包坯表面，撒杏仁片。

10 放入预热好的烤箱，180℃烤约20分钟，出炉后取出放在晾网上放凉即可。

> **TIPS**
>
> 注意检查面团温度，揉好的面团温度不宜超过26℃。

叉烧面包(中种)

烤焙温度
180℃

烘烤时间
18~20分钟

成品9个

中种面团材料	主面团材料	夹馅
高筋面粉75克	高筋面粉175克	叉烧馅250克
酵母3克	细砂糖35克	(具体做法见263页)
牛奶30克	盐3克	
全蛋液15克	全蛋液45克	表面装饰
	牛奶70克	全蛋液适量
	无盐黄油18克	

做法
........••

1 将中种面团的所有材料揉成面团，盖保鲜膜，室温28~30℃发酵半小时后放入冰箱，4℃冷藏发酵16小时，发酵至原来的3倍大以上。

2 将中种面团撕成小块，与主面团材料中除无盐黄油以外的所有材料混合。

3 揉至光滑状，再加入软化的黄油继续揉至可以拉出较为结实的透明薄膜。

4 揉出膜的面团盖上保鲜膜松弛20分钟。

5 将松弛好的面团等分为9个小面团，滚圆后盖上保鲜膜再松弛15分钟左右。

6 将松弛好的面团擀成圆形。

7 翻面后放上叉烧馅。

8 将馅料包圆，捏紧收口处。

9 包好的叉烧面团收口朝下排放在烤盘上，二次发酵至原来的2倍大。

10 表面刷全蛋液，用剪刀在面团坯顶部剪出十字刀口，再将刀口用手向外拉开，让口子变大一些。

11 放入预热好的烤箱，180℃烤18~20分钟至表面呈金黄色即可。

TIPS

① 叉烧馅可以购买现成的，也可以自己制作。

② 中种面团发酵膨胀至最高点，中间位置稍微有点轻微下陷即发酵完成；也可室温发酵，多观察面团状态即可。

樱桃酱花瓣面包

🔲 烤焙温度 180℃　　⏱ 烘烤时间 15分钟

成品6个

面团材料	夹馅
高筋面粉200克	樱桃果酱适量
低筋面粉50克	（具体做法见262页）
老面50克	
水125克	**表面装饰**
酵母3克	全蛋液适量
盐3克	花生碎适量
细砂糖25克	
全蛋液40克	
无盐黄油25克	

TIPS

老面就是经过了基础发酵后的面包面团。平时在做面包的时候，可以多揉一些面，经过基础发酵和排气后，可以留部分点面团作为老面团，用保鲜袋装好扎紧封口，放入冰箱冷冻，使用时拿出放在室温下自然解冻即可。

1 将面团材料中除无盐黄油以外的所有材料混合，揉至面团光滑、面筋扩展时，加入软化的黄油，继续揉至能拉出半透明薄膜的扩展阶段。

2 将面团滚圆，装入容器中，放在温暖湿润处进行基础发酵，至原来的2.5倍大，用手指蘸面粉在面团上戳个洞，洞口不回缩、不塌陷即发酵完成。

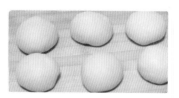

3 取出发酵好的面团排气，分成等量的6个面团，滚圆，盖上保鲜膜，松弛15分钟。

4 用擀面杖擀成约1厘米厚的面片，放上樱桃果酱。

5 包圆，捏紧收口处，收口朝下，将包好的面团稍微按扁一些，用切板切成8等份，中间留一些位置不要切。

6 依次将所有面团整形好，二次发酵至原来的2倍大，表面刷全蛋液，中间撒少许花生碎，烤箱预热至180℃，中层烤约15分钟至表面呈金黄色即可。

第4章

杂粮蔬果面包

火龙果奶酪花朵面包

烤焙温度
180℃

烘烤时间
20 分钟

成品6个

面团材料
高筋面粉250克
细砂糖35克
无盐黄油25克
盐3克
奶粉10克
酵母3克
火龙果汁160克

夹馅
蔓越莓奶酪馅(具体
做法见231页)

表面装饰
全蛋液适量
白芝麻适量

扫码看同步视频

1 将面团材料中除无盐黄油外的所有材料混合。

2 混合搅拌至面团可以拉出稍透明但易破的膜。

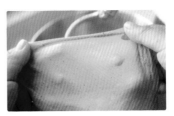

3 加入软化黄油,继续揉至能拉出薄膜且有韧性的扩展阶段。

4 将面团滚圆放入容器中,放在温暖湿润处进行基础发酵。期间可以制作蔓越莓奶酪馅。

5 面团发酵至原来的2.5倍大,用手指蘸面粉在面团上戳个洞,洞口不回缩、不塌陷即可。

6 取出发酵好的面团排气,分成6等份。整成圆形后盖上保鲜膜松弛20分钟。

7 取出松弛好的面团,将面团擀开成圆形面片,翻面后包上蔓越莓奶酪馅,捏紧底部收口。压稍扁后用剪刀剪5刀或8刀,剪成花朵状,中间不要剪断。

8 将整形好的面包坯放入烤箱中,再放一碗热水进行二次发酵,至原来的2倍大。

9 取出发酵好的面包坯,表面刷全蛋液,中间撒少许白芝麻。

10 放入预热好的烤箱,上下火180℃烤约20分钟即可。

红糖玉米面包

🔲 烤焙温度 180℃　　⏱ 烘烤时间 30~35分钟

成品1个

面团材料	模具
高筋面粉300克	8寸中空戚风蛋糕模具1个
红糖50克	
盐3克	
全蛋液52克	
(耐高糖)酵母4克	
牛奶150克	
无盐黄油25克	
玉米粒100克	

    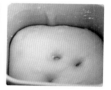

1 将面团材料里除无盐黄油和玉米粒外的所有材料放入面包机桶内，启动和面程序。

2 15分钟后，第1个和面程序结束，加入软化的黄油(留5克左右备用)。

3 再次和面15~20分钟。加入沥干水分的玉米粒，启动和面程序，约3分钟，待玉米粒均匀揉进面团即可。

4 和面结束，检查出膜情况。

5 收圆面团，面包桶上覆盖保鲜膜，基础发酵至原来的2~2.5倍大。

6 取出发酵好的面团，按压排出面团内气体，分割成7或8等份，收圆。

7 在模具内抹备用的软化黄油，放入面包坯，二次发酵至原来的2倍大。

8 烤箱180℃预热，烤30~35分钟至表面金黄即可。

TIPS

如果是煮熟后切下来的玉米粒或者解冻后的玉米粒，一定要用厨房纸擦干水分再加入面团内。

牛油果豆沙包

⬛ 烤焙温度 175℃　⏱ 烘烤时间 22 分钟

成品15个

面团材料
高筋面粉300克
牛油果泥100克
细砂糖40克
盐2克
牛奶110~115克(酌情添加)
酵母3.5克
无盐黄油15克

夹馅
豆沙馅300克(具体做法见263页)

表面装饰
高筋面粉适量

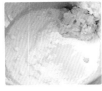

1 将面团材料里除无盐黄油外的所有材料混合。

2 搅拌均匀,揉到面团光滑。

3 加入软化的黄油,继续揉至面团能拉出大片薄膜的扩展阶段。

4 将面团收圆放入容器内,盖上保鲜膜。

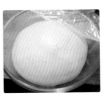

5 揉好的面团放在温暖湿润处发酵至原来的2.5倍大。

6 取出发酵好的面团,按压排出面团内气体后分割成15等份,滚圆,盖上保鲜膜松弛15分钟。

7 取一份松弛好的面团,擀成圆形后翻面,放上20克豆沙馅。

8 包圆,捏紧收口,将收口朝下排放在烤盘中。

9 放在温暖湿润处二次发酵至原来的2倍大。用纸片剪出爱心形状,或者放上叉子然后筛上高筋面粉。

10 烤箱175℃预热,中层烤约22分钟即可。

第4章 杂粮蔬果面包　87

全麦香葱芝麻餐包

烤焙温度
180℃

烘烤时间
15~18 分钟

成品8个

面团材料

(含麦麸) 全麦面粉100克
高筋面粉100克
酵母3克
细砂糖15克
盐3克
全蛋液20克
牛奶110克
无盐黄油15克

表面装饰

白芝麻适量
葱花20克
全蛋液20克
植物油5克
盐少许
白胡椒粉少许

做法 ● ●

1 将面团材料中除无盐黄油外的所有材料混合。

2 揉成出粗膜的光滑面团，加入软化的黄油。

3 继续揉至可以拉出大片透明结实薄膜的完全阶段。

4 揉好的面团放入容器内，盖上保鲜膜进行基础发酵。

5 放在25~28℃的环境中发酵至原来的2~2.5倍大，手指蘸面粉戳洞，洞口不回弹、不塌陷即可。

6 将发酵好的面团取出，轻拍排气。

7 称重后等分为8份，滚圆后盖保鲜膜松弛15分钟。

8 取一份松弛好的面团，再次滚圆，表面刷上全蛋液。

9 放入白芝麻里蘸一下，让面团顶部均匀地裹上一层白芝麻。

10 将面团稍微压扁一些，用擀面杖的一端在面团中间用力按压一个凹印，一直按压到底部。

11 将葱花、全蛋液、植物油、盐和白胡椒粉混合，做成葱花馅，用小勺子填入面团中间的凹印处。

12 将面包坯放在温暖湿润处，二次发酵至原来的2倍大。

13 烤箱180℃预热，中层，上下火烤15~18分钟至表面金黄即可。

肉桂苹果小餐包

成品9个

面团材料	夹馅（肉桂苹果馅）	表面装饰
高筋面粉250克	苹果1个	苹果半个
细砂糖35克	细砂糖30克	全蛋液适量
无盐黄油25克	柠檬汁5克	
盐3克	肉桂粉2克	
酵母3克	无盐黄油20克	
全蛋液30克		
水130克		

扫码看同步视频

肉桂苹果馅做法

苹果去皮切成小丁放入锅中，再加入
细砂糖、肉桂粉、无盐黄油；开火，不
断用勺子翻炒至苹果变软，糖和无盐
黄油都熔化，汤汁变浓稠状，盛出炒好
的肉桂苹果馅放凉备用。

1 将面团材料中除无盐黄油外的所有面团材料混合。

2 揉至面团光滑面、筋扩展时加入软化黄油，继续揉至能拉出薄膜且有韧性的扩展阶段。

3 将面团滚圆放入容器中，放在温暖湿润处进行基础发酵。期间可制作肉桂苹果馅。

4 面团发酵至原来的2.5倍大，用手指蘸面粉在面团上戳个洞，洞口不回缩、不塌陷即可。

5 取出发酵好的面团排气，分割成9份。

6 分别整理成圆形的小剂子，盖上保鲜膜松弛15分钟。

7 用擀面杖擀成圆形的面片。

8 翻面后包上肉桂苹果馅，捏紧收口处。

9 将面包坯收口朝下排放在烤盘上，放在温暖湿润处二次发酵至原来的2倍大。

10 苹果切成薄片，在发酵好的面包坯上刷上全蛋液，铺上一片苹果片。

11 放入预热好的烤箱，180℃上下火烤约20分钟即可。

TIPS

① 等待发酵的时候可以制做肉桂苹果馅；肉桂苹果馅在包之前要沥干水份再包入。

② 二次发酵时建议温度为35℃，相对湿度约为75%。

葡萄卷面包

🔲 烤焙温度 180℃　　⏱ 烘烤时间 18分钟

成品16个

面团材料	表面装饰
高筋面粉320克	全蛋液70克
细砂糖50克	
盐4克	**夹馅**
酵母4克	葡萄干80克
牛奶110克	
老面160克	
无盐黄油30克	

1 葡萄干用水浸泡30分钟后沥干水分。提前将老面从冰箱里拿出来解冻。

2 老面撕成小块,和面团材料中除无盐黄油外的所有材料放入面包机桶内。

3 启动第1个和面程序,面团揉至光滑状,加入软化的黄油;启动第2个和面程序,将面团揉至完全阶段。

4 基础发酵至原来的2~2.5倍大。手指蘸面粉戳洞,洞口不回缩、不塌陷即发酵完成。

5 将发好的面团排气,分成2等份,盖上保鲜膜松弛15分钟。

6 将面团擀开,铺上泡好的葡萄干,从上而下卷起,各切成8等份,收圆后铺在烤盘上。

7 二次发酵至原来的2倍大,表面刷全蛋液。

8 烤箱180℃预热,中层烤18分钟至面包表面金黄即可。

红豆面包

🍞 烤焙温度 180℃　　⏱ 烘烤时间 30 分钟

成品6个

面团材料	夹馅
高筋面粉 250 克	蜜豆馅适量
全蛋液 28 克	（具体做法见 263 页）
牛奶 60 克	
酵母 3 克	**表面装饰**
水 68 克	全蛋液适量
无盐黄油 30 克	杏仁片适量
细砂糖 35 克	
盐 2 克	

1 将面团材料里除无盐黄油外的所有材料放入面包机桶内。

2 启动和面程序，约20分钟后加入软化的黄油，再次揉面20分钟左右至出膜。

3 启动面包机发酵程序，使面团发酵至原来的2.5倍大。取出发酵好的面团，排气，分割成3等份。

4 滚圆后盖上保鲜膜松弛10分钟。取一份面团擀成椭圆形，翻面后，撒上一层蜜豆馅。

5 卷起，从面团中间一切为二。

6 排放在模具中，放在温暖湿润处进行二次发酵。

7 发酵至原来的2倍大，表面刷全蛋液，撒杏仁片。

8 烤箱180℃预热，烤30分钟左右至表面金黄即可。

黄豆餐包

烤焙温度
175 ℃

烘烤时间
22 分钟

成品8个

面包材料

老面 60 克
熟黄豆粉 30 克
高筋面粉 270 克
细砂糖 45 克
酵母 3.5 克
无盐黄油 20 克
盐 3 克
水 192 克

表面装饰

熟黄豆粉适量
清水适量

1 将老面撕成小块,与面团材料里除无盐黄油外的所有材料混合。

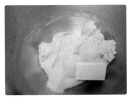

2 揉到面团光滑,加入软化的黄油。

3 继续揉至面团能拉出大片透明薄膜的扩展阶段。

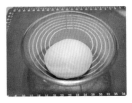

4 将面团收圆放入容器内。

5 放在温暖湿润处发酵至原来的2.5倍大。

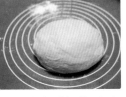

6 取出发酵好的面团,按压排出面团内气体。

7 将发酵好的面团分割成8等份,滚圆,盖上保鲜膜松弛15分钟。

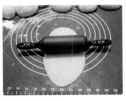

8 取一份面团,擀成椭圆形的长面片后翻面。

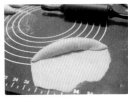

9 擀薄底端,再从上往下卷起,卷成橄榄形,捏紧底部收口,再稍微搓长一些。

10 表面刷适量水。

11 将刷了水的面包坯蘸满黄豆粉。

12 用筷子在中间用力压一道压痕。

13 收口朝下,排放在烤盘中。

14 放温暖湿润处二次发酵至原来的2倍大。

15 烤箱175℃预热,中层烤约22分钟即可。

TIPS

① 边角料可以随意捏成团一起烤,也可以直接切块来烤,这样就不会有剩余的面团。

② 做好的黄豆餐包也可以从中间切开,夹蔬菜、煎蛋、培根、奶酪,挤入番茄酱,做成三明治,作为早餐食用。

南瓜豆沙面包

烤焙温度
175 ℃

烘烤时间
18 分钟

扫码看同步视频

成品8个

面团材料

高筋面粉300克
熟南瓜泥125克
盐3克
细砂糖40克
酵母3.5克
牛奶60克
无盐黄油20克

夹馅

豆沙馅240克(具体
做法见263页)

表面装饰

长形状饼干适量
植物油适量(浸泡棉
线用)

100% ARABICA

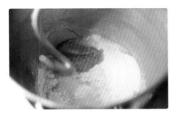

1 将面团材料中除无盐黄油外的所有材料混合。

2 揉至面团光滑、面筋扩展时加入软化黄油,继续揉至能拉出稍透明但易破的薄膜。

3 将面团滚圆放入容器中,放在温暖湿润处进行基础发酵。

4 面团发酵至原来的2.5倍大,用手指蘸面粉在面团上戳个洞,洞口不回缩、不塌陷即可。

5 取出发酵好的面团排气,分成8等份,盖上保鲜膜滚圆松弛15分钟。

6 将松弛好的面团擀成圆形面片,翻面后包上豆沙馅(豆沙馅分成30克一个),捏紧收口处。

7 棉线提前用植物油浸泡。然后取4根线叠放成"米"字型,再将包了豆沙馅的面团放在线的中间,收口处朝下,再拎起8面的棉绳打个结,不要收得太紧。

8 依次处理好所有的面包坯,放入温暖湿润处二次发酵至原来的2倍大。

9 放入预热好的烤箱,175℃烤约18分钟至表面金黄即可。

10 抽掉棉线,将长条饼干插在面包中间模仿瓜蒂即可。

美式原味贝果

成品5个

面团材料	糖水
高筋面粉 250 克	细砂糖 50 克
酵母 3 克	水 1000 克
细砂糖 10 克	
盐 4 克	
无盐黄油 5 克	
水 140 克	

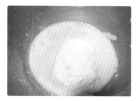

1 将面团材料中除无盐黄油外的所有材料混合。揉成光滑的面团，加入软化的黄油继续揉面。

2 揉至能拉出薄但不结实的扩展阶段。将面团分成5等份，滚圆后盖上保鲜膜松弛15分钟。

3 将松弛好的面团擀成长橄榄形后翻面。

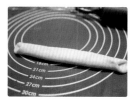

4 两端对折。

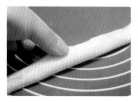

5 捏紧收口，搓长一些，长度约22厘米。

6 用擀面杖将长条的一端擀薄，另一端搓细一点。

7 将细的一头放在擀薄的地方对接成圆形，收口处向上，连接处一头可以向上多放一点。

8 把擀薄的位置一点点捏紧收口处。

9 依次处理好所有的面团，将收口朝下摆放在剪成小块的油纸上。

10 放在温暖湿润处醒发20~30分钟。在面团即将发酵好的时候准备煮糖水，同时预热烤箱，将细砂糖和水混合，大火烧开。

11 看见水底出现小气泡后转最小火（温度维持在80~90℃）。将发酵好的面团放入糖水锅中，两面各煮25~30秒后捞出。

12 依次煮好所有的面团，煮好的贝果表面略微有点皱，捞出摆放在烤盘中沥去多余水分。

13 烤箱200℃预热，中层烤15~18分钟，中途注意观察上色，可加盖锡纸防止表层烤焦。

TIPS
① 想要贝果中间圈大，面团要搓到26~28厘米；贝果整形时一定要捏紧收口，不然发酵后容易张开。
② 如果担心整形好的贝果会粘连不方便取下的话，可以将油纸裁成比贝果大一些的小油纸，再将贝果生坯摆放在小油纸上。煮的时候可以连油纸一起放入锅中，油纸会马上和贝果分离，然后捞出油纸就可以了。
③ 如果喜欢表皮脆一些的贝果，可以降低些温度，同时增加烘烤时间。

花生酱贝果

成品5个

面团材料	糖水	表面装饰
高筋面粉250克	细砂糖50克	黑芝麻少许
酵母3克	水1000克	
细砂糖10克		
盐4克	夹馅	
无盐黄油5克	花生酱50克（具	
水150克	体做法见262页）	

1 将面团材料中除无盐黄油外的所有材料混合。揉成光滑的面团，加入软化的黄油继续揉。

2 揉至能拉出较薄但不结实的膜。将面团分成5等份，滚圆后盖上保鲜膜松弛15分钟。

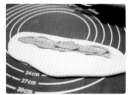

3 将松弛好的面团擀成长橄榄形，抹上花生酱。

4 两端对折后捏紧收口，搓长一些，长度约22厘米。

5 用擀面杖将长条的一端擀薄，另一端搓细一点。

6 将细的一头放在擀薄的地方对接成圆形，头部要向上多放一点，这样包出来才能粗细均匀。

7 把擀薄的位置一点点捏紧收口处。

8 依次处理好所有的面团，将收口朝下摆放在剪成小块的油纸上，放在温暖湿润处醒发20~30分钟。

9 在面团即将发酵好的时候准备煮糖水。将细砂糖和水混合，大火烧开，看见水底出现小气泡后转最小火（温度维持在80~90℃）。将发酵好的面团放入糖水锅中，两面各煮25~30秒后捞出。

10 依次煮好所有的面团，捞出摆放在烤盘中，趁面团表面湿润的时候撒上黑芝麻，沥干多余水分。

11 烤箱200℃预热，中层烤15~18分钟，中途注意观察上色，可加盖锡纸防止表层烤焦。

蔓越莓贝果

烤焙温度
200 ℃

烘烤时间
20 分钟

成品 5 个

面团材料	糖水
高筋面粉 220 克	细砂糖 50 克
酵母 2.5 克	水 1000 克
细砂糖 8 克	
盐 5 克	
蔓越莓干 50 克	
无盐黄油 5 克	
水 140 克	

1 将面团材料中除无盐黄油以外的所有材料放入面包机桶内。

2 启动第1个和面程序,面团揉至表面光滑状,可拉出较厚薄膜;加入软化的黄油,启动第2个和面程序,将面团揉至完全阶段。

3 加入蔓越莓干,启动第3个和面程序,2分钟后,蔓越莓干完全被揉入面团中,和面程序结束。

4 将揉好的面团分成5等份,滚圆后松弛10分钟。

5 取一份松弛好的面团擀成椭圆形,翻面后,将上面1/3向中心折,再将下面1/3向中心折,然后对折。

6 压紧接口处,将面团搓成约25厘米长的长条,一头用擀面杖擀薄。

7 将长条卷起来,一头放在擀薄的面片上,用擀薄的面片包紧。

8 依次处理好所有的面团,将其放在铺好油纸的烤盘上。

9 进行二次发酵,面团发酵至原来的2倍大。

10 将细砂糖放入沸水中溶化,同时将烤箱用200℃预热,轻轻地将发酵好的贝果面团放入糖水中,每面煮30秒左右。

11 捞出煮好的贝果,沥去水分,排放在烤盘上;放入预热好的烤箱内,中层上下火,烘烤20分钟即可。

TIPS

① 贝果煮好后需要立即放入烤箱烘烤。

② 吃的时候可以将贝果从中间横切开,搭配自己喜爱的馅料食用,比如火腿、培根、蔬菜或者果酱、奶油等。

南瓜贝果

烤焙温度
200 ℃

烘烤时间
15~18 分钟

成品6个

面团材料
高筋面粉 220 克
酵母 3 克
细砂糖 10 克
盐 2 克
南瓜泥 75 克
无盐黄油 5 克
水 102 克

糖水
细砂糖 50 克
水 1000 克

表面装饰
燕麦片适量

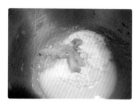

1 将面团材料中除无盐黄油以外的所有材料混合。

2 揉成光滑的面团，加入软化的黄油继续揉至能拉出较薄但不结实的膜。

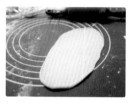

3 将面团分成6等份，滚圆后盖上保鲜膜松弛15分钟。将松弛好的面团擀成椭圆形。

4 将两端朝中间折。

5 对折后捏紧收口。

6 搓长一些，长度约22厘米。

7 用擀面杖将长条的一端擀薄，另一端搓细一点。

8 将细的一头放在擀薄的地方对接成圆形，头部要向上多放一点，这样包出来才能粗细均匀。

9 把擀薄的位置一点点捏紧收口处。

10 依次处理好所有的面团，将收口朝下摆放。

11 放在温暖湿润处醒松弛20~30分钟。在面团即将发酵好的时候准备煮糖水，同时预热烤箱。

12 将发酵好的面团放入糖水锅中，两面各煮25~30秒，煮好的贝果表面略微有点皱。

13 捞出沥干水分摆放在烤盘中；依次煮好所有的面团，趁面团表面湿润的时候撒上燕麦片。

14 烤箱200℃预热，中层烤15~18分钟即可。

柠檬面包

烤焙温度
180℃

烘烤时间
25 分钟

成品3个

面团材料	夹馅（柠檬酱）	表面装饰
高筋面粉250克	柠檬1个(取柠檬皮屑)	全蛋液适量
细砂糖35克	柠檬汁55克	
无盐黄油25克	鸡蛋黄2个	
盐3克	鸡蛋1个	
酵母3克	细砂糖55克	
全蛋液30克	无盐黄油30克	
水130克		

扫码看同步视频

做法

1 将面团材料里除无盐黄油外的所有面团材料混合。

2 揉至面团光滑、面筋扩展时加入软化黄油，继续揉至能拉出稍透明但易破的薄膜。

3 将面团滚圆收入容器中，放在温暖湿润处进行基础发酵。

4 面团发酵至原来的2.5倍大，用手指蘸面粉在面团上戳个洞，洞口不回缩、不塌陷即可。

5 取出发酵好的面团排气，分割成3份。

6 整理成圆形，盖上保鲜膜松弛15分钟。

7 取一份松弛好的面团，擀成约15厘米×30厘米的长方形面片，翻面后在面片的上半部分抹上柠檬酱，注意留出两端和尾端收口处，从上往下卷起，捏紧两端和尾端收口处。

8 依次处理好三个面团，从中间切成两半，注意有一端不要切断。将切开的两部分以螺旋交叉的方式编成麻花状，捏紧底部收口。

9 将处理好的面包坯排放在烤盘上，放在温暖湿润处二次发酵至原来的2倍大。

10 取出发酵好的面包坯，表面刷全蛋液。

11 放入预热好的烤箱，180℃上下火烤约25分钟左右。

柠檬酱做法

柠檬洗净后擦出柠檬皮屑备用；将柠檬皮屑、柠檬汁、鸡蛋黄、鸡蛋、细砂糖、无盐黄油混合倒入锅中，隔热水加热，并不停搅拌，直到变得粘稠、稍凝固后关火；过筛让柠檬酱更细腻，装入容器中备用。

黄桃面包

🔲 烤焙温度 180℃　　⏱ 烘烤时间 16分钟

成品8个

面团材料	表面装饰
高筋面粉220克	牛奶少许
牛奶110克	罐头装黄桃8~9块
奶粉10克	细砂糖10克
全蛋液33克	低筋面粉25克
细砂糖35克	无盐黄油20克
无盐黄油30克	
酵母3克	**模具**
盐2克	28厘米×28厘米
	正方形烤盘1个

TIPS

黄桃要用罐头装的,这样水分少,烤的时候不会有大量水分析出而影响面包口感。

1 将面团材料里除无盐黄油外的其他材料混合。

2 揉至面团光滑、面筋扩展时加入软化黄油,继续揉至能拉出薄膜且有韧性的完全阶段。

3 将面团滚圆放入容器中,放在温暖湿润处进行基础发酵。

4 面团发酵至原来的2.5倍大,用手指蘸面粉在面团上戳个洞,洞口不回缩、不塌陷即发酵完成。

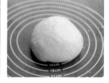

5 取出发酵好的面团排气,盖上保鲜膜滚圆松弛15分钟。

6 将松弛好的面团擀成边长约28厘米的正方形面片。

7 擀好的面片铺在模具内,如果没有不粘烤盘则需要铺油纸防粘。

8 放在温暖湿润处二次发酵至原来的2倍大,铺上8个黄桃果肉,再轻轻将黄桃按压一下。

9 其余地方刷一层牛奶,均匀地撒上香酥粒。

10 放入预热好的烤箱,180℃烤约16分钟至表面金黄。出炉后立刻从模具内取出晾凉。

菠菜迷你餐包

🔲 烤焙温度 180℃   ⏱ 烘烤时间 12~14 分钟

成品 35 个

面团材料
菠菜叶 110 克
水 55 克
高筋面粉 250 克
细砂糖 40 克
盐 3 克
全蛋液 28 克
无盐黄油 20 克
酵母 3.5 克

表面装饰
全蛋液少许
白芝麻少许

模具
圆形饼干模具 1 个

TIPS
菠菜只用叶子部位，根茎部不要，搅打好的菠菜液无需过滤。

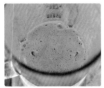

1 将面团材料里的菠菜叶和水放入料理机内搅打成菠菜汁。

2 将面团材料里除无盐黄油外的材料和菠菜汁混合。

3 揉到面团光滑达到扩展阶段，加入软化的黄油。

4 继续揉至面团能拉出大片薄膜。

5 将揉好的面团放在温暖湿润处发酵至原来的 2 倍大。

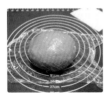

6 将发酵好的面团取出按压排气，盖上保鲜膜松弛 15 分钟。

7 将松弛好的面团擀成厚度约 1 厘米的薄面片。

8 用圆形饼干模按压成一个个圆形面坯，再将剩余的边角料揉匀继续压成圆形面坯。

9 整齐地排放在烤盘中，放在温暖湿润处二次发酵约 40 分钟。表面刷蛋液，撒白芝麻。

10 烤箱 180℃预热，中层烤 12~14 分钟至表面金黄即可。

玉米沙拉面包

🔥 烤焙温度 180℃　　⏱ 烘烤时间 18 分钟

成品6个

面团材料	表面装饰
高筋面粉250克	玉米粒适量
细砂糖50克	全蛋液适量
盐2克	沙拉酱适量
奶粉10克	（具体做法见262页）
牛奶140克	
酵母3克	
无盐黄油20克	

1 将面团材料里除无盐黄油外的所有材料放入面包机桶内。

2 启动和面程序，15分钟后放入软化的黄油，再揉15分钟，面团揉至扩展阶段。

3 面团收圆后放入容器内，盖上保鲜膜，放在温暖湿润处发酵至原来的2~2.5倍大。

4 取出发酵好的面团，按压排气后将面团分成18等份，滚圆后松弛15分钟。

5 取一份松弛好的面团，擀成牛舌状。

6 翻面后卷成长条状，再搓长些，捏紧收口处。

7 每三根一组，编成辫子状，依次处理好所有的面团。

8 将面包坯和一碗热水放入烤箱内，进行二次发酵至原来的2倍大。

9 面包坯表面刷全蛋液，撒玉米粒，再挤上沙拉酱。

10 烤箱预热至180℃，烤约18分钟即可。

第5章
健康吐司

老式吐司

🔲 烤焙温度 面包机烘烤程序"烧色中" ⏱ 烘烤时间 38 分钟

酵头材料	主面团材料
高筋面粉105克	高筋面粉140克
低筋面粉45克	低筋面粉60克
细砂糖12克	奶粉16克
即发干酵母3克	细砂糖64克
水120克	盐1克
	全蛋液60克
	水36克
	无盐黄油48克

1 将酵头材料混合均匀，放在温暖湿润处发酵至表面成蜂窝状并且微微塌陷。

2 将发酵好的酵头与主面团材料中除无盐黄油外的所有材料混合，启动和面程序，将面团揉至光滑状。

3 加入软化的黄油（留5克备用），再次启动和面程序，继续揉至扩展阶段。再进行基础发酵，至原来的2倍大。

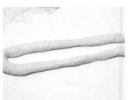

4 发酵好的面团无需松弛，直接分成6等份，每一份搓成约80厘米长的长条。

5 将长条对折后两端接头处用手按住，左手将面条旋转成麻花状。

6 接头处塞进圆圈里。

7 将做好的面包坯放入面包机桶内，进行二次发酵，至八分满。

8 启动面包机烘烤程序，烧色选择"中"，烘烤38分钟，烤好后取出面包，刷一层熔化的黄油。

全麦吐司

🔲 烤焙温度 190℃　⏲ 烘烤时间 40 分钟

成品1个

面团材料	模具
高筋面粉230克	230克吐司模具1个
（含麦麸）全麦面粉20克	
无盐黄油28克	
全蛋液20克	
细砂糖25克	
干酵母3克	
盐3克	
水145克	

   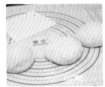

1 将除盐和无盐黄油外的所有面团材料放入面包机桶内。

2 启动揉面程序，面团成团后加入盐，约20分钟后加入软化的黄油。

3 再次揉面20分钟左右即可。

4 揉好的面团盖上保鲜膜进行第一次发酵，发酵至原来的2.5倍大。

5 取出发酵好的面团排气，分割成3等份，揉圆松弛20分钟。

  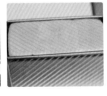

6 取一份面团擀成椭圆形，翻面后卷起排放在模具里。

7 二次发酵至八分满，盖上吐司盒。

8 烤箱190℃预热，烤40分钟左右，脱模取出晾凉即可。

TIPS

① 面粉吸水性不同，尤其加了全麦面粉，所以水分要灵活掌握，酌情增减，比例合适的面团是柔软湿润但不会非常粘手。

② 这款吐司口感比较清淡，不甜，喜欢甜口的可以加45克细砂糖。

奶酪吐司

烤焙温度
上火 160 ℃
下火 185 ℃

烘烤时间
28 分钟

成品 1 个

面团材料
高筋面粉 250 克
细砂糖 40 克
无盐黄油 15 克
盐 3 克
奶粉 10 克
酵母 3 克
奶油奶酪 30 克
全蛋液 30 克
牛奶 135 克

夹馅
奶油奶酪 70 克
细砂糖 30 克

表面装饰
全蛋液适量
无盐黄油适量

模具
450 克吐司模具 1 个

扫码看同步视频

做法

1 将面团材料中除无盐黄油外的所有材料混合。

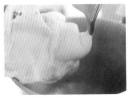

2 混合搅拌至面团可以拉出稍透明但易破的膜。

3 加入软化黄油，继续揉至能拉出薄膜且有韧性的扩展阶段。

4 将面团滚圆放入容器中，放在温暖湿润处进行基础发酵。期间可制作奶酪馅。

5 面团发酵至原来的2.5倍大，用手指蘸面粉在面团上戳个洞，洞口不回缩、不塌陷即可。

6 取出发酵好的面团排气，分成3等份；整成圆形后盖上保鲜膜松弛20分钟。

7 取出松弛好的面团，将面团擀开成椭圆形，翻面后从上往下卷起来。依次卷好所有面团，盖上保鲜膜再次松弛20分钟。

8 第二次擀卷，将面团再次擀开，翻面后抹上奶酪馅，再从上往下卷起来，依次卷好所有面团。

9 将整好形的面包坯放入吐司模具中。将吐司模具放入烤箱，再放一碗热水进行二次发酵，至模具的八分满。

10 取出发酵好的面包坯，顶部刷全蛋液，用剪刀在顶部剪一小口。

11 裱花袋里装入软化黄油，前端剪一小口，挤在剪开的口子处。

12 将面包坯放入预热好的烤箱，160℃上火，185℃烤约28分钟即可

奶酪馅做法

奶油奶酪室温下放置软化后加入细砂糖搅拌均匀即可。

抹茶吐司

成品1个

面团材料

高筋面粉250克
细砂糖40克
盐3克
奶粉10克
抹茶粉8克
浓稠酸奶85克
全蛋液20克
水70克
酵母3克
无盐黄油25克

模具

450克吐司模具1个

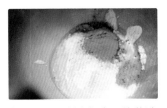

1 将面团材料中除无盐黄油外的所有材料混合。

2 揉成光滑的面团。

3 加入软化黄油继续揉至可以拉出大片透明结实薄膜的完全阶段。

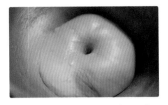

4 将面团收圆放入容器内，盖保鲜膜放在温暖湿润处进行基础发酵，至原来的2~2.5倍大。

5 将发酵好的面团取出，轻拍排气。称重后分为3等份。滚圆后盖保鲜膜。

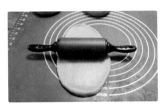

6 松弛20分钟，取一个松弛好的面团，擀成椭圆形。

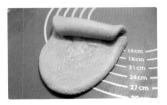

7 擀好后翻面，将面团从上往下卷起。

8 依次卷好3份面团，盖上保鲜膜松弛20分钟左右。

9 再次用擀面杖擀长，翻面后再次自上而下卷起，这时卷成2.5个圈。

10 依次卷好3份面团，排放在吐司盒里。

11 二次发酵至七分满左右，盖上吐司盒盖子。

12 放入预热好的烤箱，中下层200℃烤45分钟出炉即可。

红曲蔓越莓花型吐司

成品 1 个

面团材料
高筋面粉 220 克
低筋面粉 30 克
红曲粉 3 克
酵母 3 克
细砂糖 45 克
盐 3 克
牛奶 165 克
无盐黄油 20 克

夹馅
蔓越莓干 50 克

模具
450 克梅花形吐司
模具 1 个

做法

1 将面团材料里除无盐黄油外的所有材料混合。

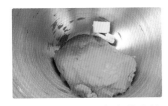

2 揉到面团光滑产生筋度的扩展阶段，加入软化的黄油。

3 继续揉至面团能拉出大片薄膜的完全阶段。

4 将揉好的面团放入容器，盖上保鲜膜放在温暖湿润处进行基础发酵。

5 发酵至原来的2倍大，手指戳洞不回缩即可。

6 将发酵好的面团按压排气，滚圆后盖上保鲜膜松弛15分钟。

7 用擀面杖擀成薄面片，长度和梅花形模具长度相同。

8 将蔓越莓干均匀地铺在面片上。

9 卷起，捏紧收口处。

10 放入梅花形吐司模具内。

11 盖上盖子，放在温度约38℃的环境下二次发酵，至原来的2倍大（几乎要顶到盖子的状态）。

12 烤箱160℃预热，中下层烤30~35分钟即可。

TIPS

① 蔓越莓干也可以换成其他自己喜欢的食材。

② 红曲粉也可以换成可可粉、抹茶粉（可可粉或抹茶粉用量要加到10克）等材料，做成别的口味也不错。

红薯吐司

成品1个

面团材料

高筋面粉250克
细砂糖25克
酵母3克
盐3克
红薯泥110克
奶粉8克
牛奶80克
无盐黄油20克

表面装饰

全蛋液适量

模具

450克吐司模具1个

1 将面团材料中除无盐黄油外的所有材料混合。

2 揉成出粗膜的光滑面团，加入软化的黄油，继续揉至可以拉出大片透明结实薄膜的完全阶段。

3 揉好的面团放入容器内，盖上保鲜膜进行基础发酵。

4 在25~28℃的环境中进行基础发酵，至原来的2~2.5倍大。

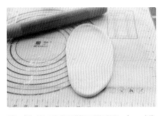

5 将发酵好的面团取出、排气。称重后等分为3份，滚圆后盖保鲜膜松弛15分钟。取一擀成椭圆形。

6 翻面后，将左边和右边分别向中间1/3处对折。

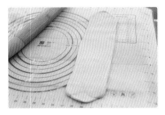

7 用擀面杖擀长。

8 自上而下卷起，依次卷好3份面团，面团的宽度和模具宽度基本一致。

9 擀卷好的面团放入吐司盒中，二次发酵至吐司盒八分满。

10 表面刷全蛋液，放入预热好的烤箱，下层，上下火180℃，烤约40分钟即可。

> **TIPS**
>
> 二次发酵最好置于温度37℃左右、相对湿度75%的环境下进行，发酵至手指轻轻按压面团表面可以缓慢回弹即可。

果干炼乳手撕吐司

成品1个

面团材料
高筋面粉300克
牛奶160克
全蛋液40克
无盐黄油30克
细砂糖25克
酵母3.5克
盐3克

夹馅
炼乳50克
无盐黄油30克
蔓越莓干40克

模具
450克吐司模具1个

做法

1 后油法（见14页）制作出所需要的面团。

2 将发酵好的面团取出，轻拍排气，滚圆后盖保鲜膜，松弛20分钟。

3 将面团擀成薄的长方形的大面片。

4 将夹馅材料中的无盐黄油与炼乳隔水加热至黄油熔化，搅拌均匀成黄油炼乳酱。

5 把黄油炼乳酱（留少许备用）均匀地抹在面皮上，再撒上切碎的蔓越莓干。

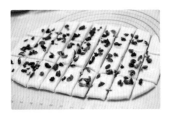

6 用切板将面片切成和模具一样宽的小方块。

7 将切好的小方块一片片叠加起来。

8 横铺在吐司模具内。

9 放在温暖湿润处二次发酵至原来的2倍大，在面包坯表面刷上剩余的黄油炼乳酱。

10 烤箱180℃预热，中下层，上下火烤约35分钟至表面呈金黄色即可。

南瓜吐司

成品 1 个

面团材料
高筋面粉 250 克
细砂糖 35 克
无盐黄油 20 克
盐 2.5 克
奶粉 10 克
酵母 2.5 克
南瓜泥 135 克
全蛋液 50 克
牛奶 30 克

夹馅（奶香南瓜馅）
南瓜泥 130 克
奶粉 5 克
细砂糖 5 克
玉米淀粉 5 克

表面装饰
全蛋液适量
南瓜籽仁适量

模具
450 克吐司模具 1 个

扫码看同步视频

做法

1 将面团材料里除无盐黄油外的所有材料混合。

2 揉至面团光滑、面筋扩展时加入软化黄油，继续揉至能拉出薄膜且有韧性的扩展阶段。

3 将面团滚圆放入容器中，放在温暖湿润处进行基础发酵。

4 面团发酵至原来的2.5倍大，用手指蘸面粉在面团上戳个洞，洞口不回缩、不塌陷即可。

5 取出发酵好的面团排气，擀成长约35厘米、宽约18厘米的长方形薄面片。

6 翻面后在面片的上半部分均匀地抹上南瓜馅，再将下半部分的面片盖上去，压紧边缘。

7 用擀面杖将处理好的的面团稍擀大一些。

8 均匀地切成8个长条。

9 将长条旋转扭成麻花状，再对折捏住接头。

10 依次将整好形的面包坯放入吐司模中。

11 放在温暖湿润处进行二次发酵，发酵至吐司模的九分满。

12 在发酵好的面包坯顶部刷上全蛋液，撒南瓜籽仁做装饰。放入预热好的烤箱，180℃上下火烤约40分钟。

奶酪馅做法

将奶香南瓜馅材料倒入小奶锅中混合拌匀，开小火翻拌至水分稍收干的状态，盛出放凉备用。

> TIPS
> 南瓜泥含水量不一样，所以液体的用量要灵活把控。

酸奶吐司

🔲 烤焙温度 170℃　⏱ 烘烤时间 25 分钟

成品2个

面团材料	表面装饰
高筋面粉 280 克	香酥粒少许
细砂糖 35 克	（具体做法见 72 页）
盐 3 克	全蛋液适量
奶粉 10 克	
酵母 3 克	**模具**
自制酸奶 105 克	椭圆形奶酪蛋糕模
全蛋液 45 克	具 2 个
水 50 克	
无盐黄油 20 克	

    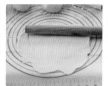

1 将面团材料中除无盐黄油外的材料混合，揉至出粗膜时加入软化黄油，继续揉至可拉出较结实的透明薄膜。

2 揉好的面团盖上保鲜膜放在温暖湿润处进行基础发酵，发酵至原来的2~2.5倍大。

3 将发酵好的面团取出，轻轻按压排气，将面团等分为4份。

4 滚圆后盖上保鲜膜松弛20分钟。

5 取一份松弛好的面团，擀成椭圆形，翻面横放，用擀面杖将面团底端压薄。

6 卷起呈圆筒状，将两头搓尖。

7 两个一组放入椭圆形奶酪蛋糕模具中。

8 放温暖湿润处二次发酵至八分满。表面刷全蛋液，撒香酥粒。

9 放入提前预热的烤箱中下层，上下火170℃烤约25分钟即可。

蜜豆吐司

🔲 烤焙温度 180℃　　⏱ 烘烤时间 40 分钟

成品1个

面团材料	夹馅
高筋面粉 280 克	蜜豆馅 100 克
细砂糖 30 克	（具体做法见 263 页）
盐 3 克	
酵母 3.5 克	模具
牛奶 35 克	450 克吐司模具 1 个
水 100 克	
全蛋液 50 克	
无盐黄油 30 克	

1 将面团材料里除无盐黄油外的所有材料放入面包桶内。

2 启动和面程序，约20分钟后面团揉至表面略具光滑的状态；加入软化的黄油，再次启动和面程序。

3 第2个和面程序结束后，面团被揉至光滑的状态。

4 取一块面团，慢慢地抻开，成一层坚韧的薄膜，用手指捅破，破洞边缘光滑，面团即揉至完全阶段。

5 将面团收圆放于容器内，盖上保鲜膜进行基础发酵。

6 面团发酵至原来的2.5倍大。

7 将发酵好的面团取出，按压排气，滚圆盖上保鲜膜松弛15分钟。

8 用擀面杖将松弛好的面团擀成面片，翻面，铺上蜜豆馅。

9 从上往下卷起，放入吐司模内进行二次发酵至吐司模九分满。

10 烤箱180℃预热，下层，上下火烤40分钟，取出脱模晾凉。

日式大米吐司

🍞 烤焙温度 面包机烘烤程序"烧色中"　⏱ 烘烤时间 40 分钟

成品 1 个

面团材料

熟大米饭 180 克
高筋面粉 300 克
酵母 4 克
细砂糖 45 克
奶粉 15 克
牛奶 172 克
无盐黄油 35 克

1 将面团材料里除无盐黄油外的所有材料放入面包机桶内，启动和面程序。

2 20 分钟后，面团揉至稍具光滑状，可以拉出比较粗糙的膜，此时面团达到扩展阶段。

3 加入软化的黄油。

4 再次启动和面程序，继续揉 20 分钟，和面结束，检查面团出膜，可以拉出透明有韧性的薄膜。

5 启动面包机发酵程序。

6 发酵结束，面团发酵至原来的 2 倍大。

7 启动面包机烘烤程序，约 40 分钟烘烤结束，取出晾凉。

TIPS

这是简易版的面包机吐司，若有时间可以将发酵好的面团取出排气、整形，并擀卷两次经过三次发酵，吐司会更有风味。

白吐司

🔲 烤焙温度 面包机烘烤程序"烧色中"　⏱ 烘烤时间 38 分钟

成品1个

面团材料
高筋面粉 350 克
干酵母 4 克
细砂糖 25 克
奶粉 14 克
水 220 克
无盐黄油 25 克

1 将面团材料里除无盐黄油外的所有材料放入面包机桶内。

2 启动第1个和面程序，和面程序结束后，面团揉至稍具光滑状。

3 用手慢慢抻开面团，此时不太容易被抻得很薄，甚至抻得稍微薄一点就会被扯出裂洞，并且裂洞边缘毛糙。

4 加入软化的黄油。

5 启动第2个和面程序，和面程序结束后，面团光滑而充满弹性。

6 取一块面团，慢慢地抻开，成一层坚韧的薄膜，用手指捅破，破洞边缘光滑。

7 将面团收圆，放入面包机桶内，盖上保鲜膜，启动面包机发酵程序，进入基础发酵。

8 面团发酵至原来的2~2.5倍大，选择烘烤程序，时间设定为38分钟，烘烤结束后即可取出。

杏仁奶香吐司

烤焙温度
面包机烘烤程
序"烧色中"
烘烤时间
35~40分钟

成品1个

面团材料

高筋面粉200克
低筋面粉50克
细砂糖40克
全蛋液30克
酵母3克
盐3克
奶粉10克
水135克
无盐黄油20克

表面装饰(杏仁酱)

无盐黄油20克
糖粉20克
全蛋液18克
杏仁粉20克
低筋面粉5克

做法

1 将面团材料里除无盐黄油外的所有材料放入面包机桶内。

2 启动和面程序,1个和面程序结束后,面团揉至稍具光滑状,加入软化的黄油,再次启动和面程序。

3 2个和面程序结束后,面团揉至完全阶段,可以拉出透明有韧性的薄膜。

4 启动面包机发酵程序,面团发酵至原来的2倍大。

5 取出发酵好的面团按压排气,分成均匀的3等份,滚圆后松弛15分钟。

6 将一份面团擀成椭圆形,翻面后从一边卷起。

7 依次将3份面团都整形成长条状。

8 将3条长面条编成麻花辫状。

9 捏紧两端,放入面包机桶内,进行二次发酵。

10 二次发酵至原来的2倍大。

11 在发酵好的面团表面抹上杏仁酱。

12 选择"烘烤"模式,时间设定为35~40分钟,烘烤结束后即可取出。

杏仁酱做法

无盐黄油在室温下软化,加入糖粉、全蛋液搅打均匀;再加入杏仁粉和低筋面粉,搅拌成面糊,造型时装入裱花袋中,均匀地挤在面包坯表面即可。

> **TIPS**
>
> 面团揉好后,还可以根据喜好添加坚果或者果干,只要再次启动和面程序,揉1~2分钟即可。

焦糖奶油吐司

成品 **1个**

面团材料

高筋面粉 250 克
酵母 3 克
鸡蛋清 50 克
牛奶 75 克

焦糖奶油酱 75 克
盐 3 克
细砂糖 15 克
无盐黄油 15 克

1 将面团材料里除无盐黄油外的所有材料放入面包桶内,启动和面程序,将面团揉至扩展阶段。

2 加入软化的黄油,再次启动和面程序。

3 将面团揉至完全阶段。

4 取一小块面团,可以拉出透明结实的薄膜即揉面完成。

5 进行基础发酵,面团发酵至原来的2.5倍大,取出发酵好的面团,分割成3等份,盖上保鲜膜松弛15分钟。

6 将松弛好的面团擀成椭圆形。

7 翻面后将上下两端向中间对折,再次松弛15分钟。

8 翻面后再次擀开,擀成长方形薄片。

9 从上往下卷成卷。

10 排放在面包机桶内。

11 二次发酵至八分满。

12 启动烘烤模式,烤40分钟后面包表面呈金黄色,脱模晾凉。

焦糖奶油酱做法

细砂糖28克、水10克和淡奶油70克。将细砂糖和水放入锅内拌匀,煮沸,继续煮至出现焦色后关火,锅中再慢慢倒入淡奶油,边倒边搅匀,放凉后备用。

黄金奶酪吐司

📟 烤焙温度 180℃　⏱ 烘烤时间 40分钟

成品1个

面团材料	模具
高筋面粉250克	450克吐司模具1个
细砂糖40克	
黄金奶酪粉10克	
盐3克	
酵母3克	
水155克	
全蛋液24克	
无盐黄油20克	

1 将面团材料里除无盐黄油外的所有材料放入面包机桶内。

2 后油法(见14页)将面团搅拌至完全状态。

3 放温暖湿润处发酵至原来的2倍大。

4 分割成3等份,滚圆后松弛20分钟,再用擀面杖将松弛好的面团擀平呈椭圆形,卷起。

5 擀卷后松弛15分钟,再进行第二次擀卷。将整形好的面团放入吐司模具中。

6 进行二次发酵,约占吐司模具八分满时加盖子。

7 烤箱预热180℃,烤40分钟左右,取出并脱模晾凉。

TIPS

① 经典配方中水的用量为165克,这里少用了10克,是根据所使用面粉的吸水性作了适当调整。

② 具体烤焙温度和时间还要根据自家烤箱调整。

北海道纯奶吐司

📱 烤焙温度 170℃　⏱ 烘烤时间 40 分钟

成品1个

面团材料
高筋面粉 270 克
低筋面粉 30 克
奶粉 15 克
牛奶 100 克
淡奶油 80 克
细砂糖 40 克

盐 4.5 克
酵母 5 克
全蛋液 35 克

模具
450 克吐司模具 1 个

1 将所有材料充分混合，将面团揉至完全阶段，开始第一次发酵，发酵后将面团排气。

2 分割成3等份，滚圆，松弛10分钟。

3 取出一个面团，擀成椭圆形。

4 翻面，将面团卷起来（可以在松弛10分钟后再重复一次此步骤）。

5 将处理好的面团放入吐司模具中。

6 放在温暖温润处进行二次发酵。

7 发酵至模具九分满时加盖吐司盒盖子。

8 烤箱预热，170℃烤约40分钟即可。

香葱肉松吐司

烤焙温度
180℃

烘烤时间
40分钟

成品1个

面团材料
高筋面粉250克
牛奶135克
全蛋液30克
盐3克
细砂糖25克
无盐黄油20克
酵母3克

夹馅
海苔肉松50克
沙拉酱2大匙
（具体做法见262页）
葱花适量

表面装饰
全蛋液适量

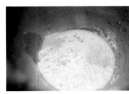

1 将面团材料中除无盐黄油以外的所有材料混合。

2 揉成出粗膜的光滑面团，再加入软化黄油继续揉至可以拉出大片透明结实薄膜的完全阶段。

3 揉好的面团放入容器内，盖上保鲜膜。

4 放在25~28℃的环境中进行基础发酵，至原来的2~2.5倍大，手指蘸粉戳孔不回弹、不塌陷。

5 将发酵好的面团取出，轻拍排气。再将面团滚圆，盖保鲜膜松弛15分钟。

6 将松弛好的面团，擀成正方形的大面片。

7 翻面，中间抹上沙拉酱，四周留2指距离不要抹，再铺上海苔肉松和葱花。

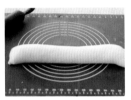

8 卷起来，捏紧收口处。

9 用刮板将卷好的面团从中间切开，顶端留2指宽不要切断。

10 切口朝上，扭成麻花状。

11 将两头对接起来，捏紧收口，收口朝下摆放在吐司盒里。

12 放在温度37℃左右、相对湿度75%的环境下发酵至吐司模具的八分满。

13 面包坯表面刷全蛋液，放入预热好的烤箱，下层上下火180℃，烤约40分钟出炉。

TIPS
① 二次发酵可利用烤箱的发酵功能，在烤箱中放入一烤盘热水增加湿度。
② 揉面拉出的膜要薄且结实，不可过于薄但也不可以揉不到位。太薄的膜力道无法支撑面团膨胀，而揉不到位的筋膜组织会给面团膨胀造成比较大的阻力，同样也会影响膨胀。

卡仕达超软吐司

烤焙温度
180℃

烘烤时间
30 分钟

成品 1 个

面团材料

高筋面粉 400 克
细砂糖 48 克
酵母粉 5 克
奶粉 24 克
水 160 克
盐 3.2 克

无盐黄油 40 克
卡仕达酱
（具体做法见 69 页）

表面装饰

全蛋液适量

1 将面团材料里除无盐黄油外的材料和卡仕达酱混合，放入面包机内，启动和面程序。

2 一个和面程序结束，揉成稍具光滑的面团；再加入软化的无盐黄油。

3 再次启动和面程序，揉至完全阶段(用双手拉开一小块面团两边，尽量拉到最大面积，可呈现大片透明的薄膜)。

4 将面团放入温暖处发酵至2~2.5倍大，用手指蘸面粉在面团上戳洞，洞口不立刻回缩和塌陷即发酵完成。

5 发酵好的面团，用手掌压扁排气，分割成3等份，滚圆后盖上保鲜膜，松弛约15分钟。

6 用擀面杖擀成长条形状，从上往下卷起，松弛15分钟。

7 松弛好后，再次擀开卷起。

8 将处理好的面团排放在吐司盒中，放入温暖湿润处进行二次发酵。

9 面团发酵至吐司模的八分满。

10 面团表面刷全蛋液，放入预热好的烤箱,180℃烘烤30分钟即可。

天然紫米吐司

烤焙温度 170℃
烘烤时间 40 分钟

成品1个

面团材料

高筋面粉240克
紫米粉35克
细砂糖40克
奶粉12克
酵母4克
盐2克
全蛋液30克
牛奶150克
无盐黄油30克

模具

450克吐司模具1个

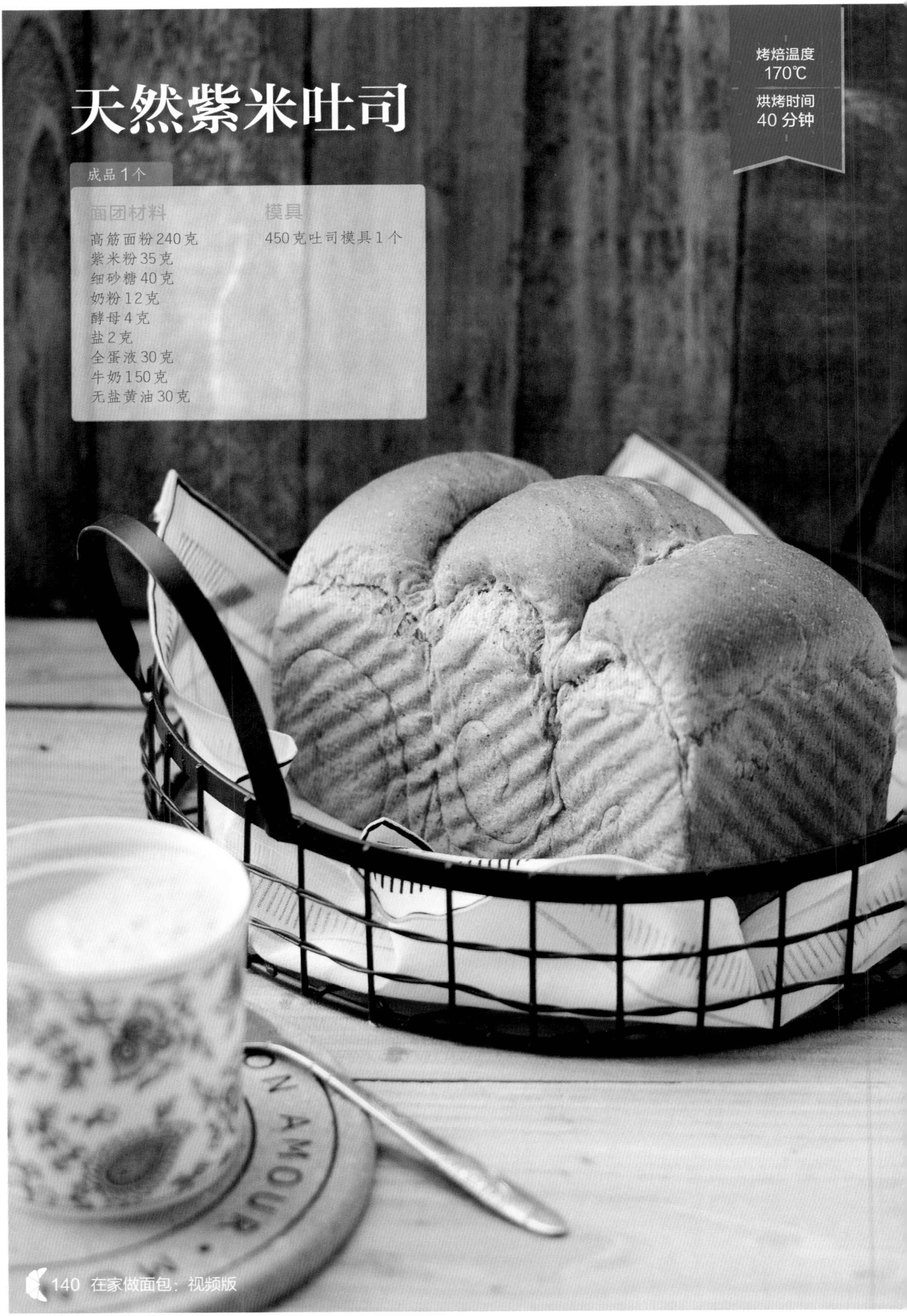

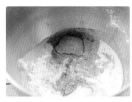

1 将面团材料中除无盐黄油外的所有材料混合。

2 揉成光滑的可以拉出粗膜的状态,加入软化黄油。

3 继续揉至完全阶段。

4 检查面团,可以拉出大片透明结实的薄膜状即揉面完成。

5 揉好的面团放入容器内盖上保鲜膜。

6 放在25~28℃的环境中进行基础发酵,至原来的2~2.5倍大,手指蘸粉戳洞,洞口不回弹、不塌陷。

7 将发酵好的面团取出,轻拍排气,称重后等分为3份,滚圆后盖保鲜膜松弛15分钟。

8 取一个松弛好的面团,擀成椭圆形。

9 翻面后卷起成圆筒状,盖上保鲜膜再次松弛15分钟,依次将面团全部做好。

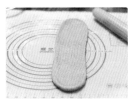

10 取松弛好的面团,用擀面杖再次擀长成牛舌状。

11 再自上而下卷1.5圈呈圆筒状。

12 依次做好3份面团,放入吐司盒中。

13 放在温度38℃左右、相对湿度85%的环境下发酵至吐司盒九分满。

14 放入预热好的烤箱,下层,上下火170℃烤40分钟;烤好后立即从模具里取出侧放,放凉密封保存。

TIPS
① 每一台家用烤箱大小不同、品牌不同,会导致温度有差异,所以烘烤的温度时间要根据自家烤箱灵活调整。
② 顶部上色满意后要及时加盖锡纸。

抹茶蜜豆心形吐司

成品1个

面团材料
高筋面粉250克
酵母3克
细砂糖45 克
盐3克
全蛋液20克
淡奶油40克
牛奶105克
无盐黄油25克
抹茶粉5克
温水10克(调抹茶粉用)

夹馅
蜜豆馅适量
(具体做法见263页)

模具
450克心形吐司模具1个

1 将面团材料里除无盐黄油、抹茶粉和温水以外的所有材料混合。

2 揉到面团产生筋度，加入软化的黄油，继续揉至能拉出大片的薄膜。

3 将揉好的面团分成2份，取1份200克的面团，用温水调匀抹茶粉，加入面团里。

4 将抹茶完全揉进面团里，揉至可以拉出大片透明结实薄膜的完全阶段。

5 将白面团和抹茶面团分别放入容器中，进行基础发酵。发酵至原来的2倍大。

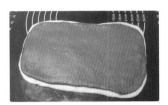

6 将发酵好的面团按压排气，滚圆后松弛15分钟，然后分别擀成薄面片，将抹茶面片铺在白面片上。

7 再均匀铺上一层蜜豆馅。

8 将面片卷起，捏紧收口处，放入心形吐司模具内。

9 盖上盖子，放在温度约38℃的环境下，二次发酵至原来的2倍大。

10 烤箱预热至160℃，中下层烤30~35分钟，取出脱模，放晾网晾凉。

TIPS

① 擀的时候，将抹茶面片稍微擀得小一点；两张面片的长度和心形吐司模具长度相同。

② 二次发酵至几乎要顶到盖子的状态即可。

法式庞多米

🔲 烤焙温度 180℃　⏲ 烘烤时间 40 分钟

成品1个

面团材料	模具
高筋面粉 300 克	450 克吐司模具 1 个
水 195 克	
细砂糖 25 克	
盐 4 克	
奶粉 12 克	
酵母 3.5 克	
无盐黄油 30 克	

TIPS

擀卷时第一次擀卷 1.5-2 圈；第二次擀卷 2.5-3 圈为宜。

1 将面团材料里除无盐黄油外的所有材料放入面包桶内。

2 启动和面程序，约20分钟后，面团被揉至表面略具光滑状，此时面团达到扩展阶段。

3 加入软化的黄油。

4 再次启动和面程序，和面程序结束后，面团揉至光滑的状态。

5 启动面包机发酵程序，发酵至原来的2.5倍大。

6 将发酵好的面团取出，按压排出空气，分割成3等份，滚圆盖上保鲜膜松弛15分钟。

7 用擀面杖将松弛好的面团擀成椭圆形。

8 翻面卷起，盖上保鲜膜松弛15分钟；再次擀开，卷起。

9 放入吐司模内进行二次发酵，至吐司盒八分满。

10 烤箱预热至180℃，下层，上下火烤制40分钟即可。

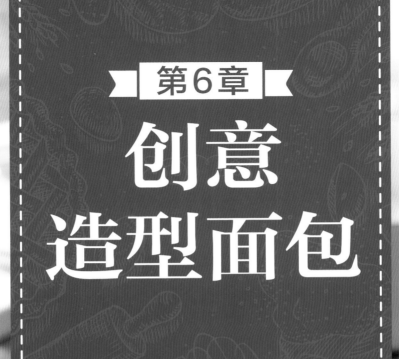

第6章

创意
造型面包

巧克力小熊挤挤包(中种)

烤焙温度
170℃

烘烤时间
20 分钟

成品 16 个

中种面团材料	主面团材料	表面装饰
高筋面粉 150 克	高筋面粉 100 克	全蛋液适量
细砂糖 5 克	可可粉 12 克	黑巧克力少许
牛奶 95 克	细砂糖 45 克	白巧克力少许
酵母 3 克	盐 2.5 克	**模具**
	全蛋液 50 克	21.5 厘米×21.5 厘米
	淡奶油 53 克	烤盘 1 个
	无盐黄油 20 克	
	夹馅	
	巧克力 60 克	

做法

1 将中种面团的所有材料混合，揉成面团，冷藏发酵24小时至原来的2倍大。

2 取出发酵好的中种面团并撕成小块，与主面团材料中除无盐黄油外的所有材料混合。

3 揉成出粗膜的光滑面团，加入软化的黄油。

4 将面团继续揉至可以拉出大片透明结实的薄膜状的完全阶段。

5 揉好的面团，盖上保鲜膜放在面包机桶内进行基础发酵。

6 发酵至原来的2~2.5倍大，将发酵好的面团取出，轻拍排气。

7 先分割出一个64克的面团(做小熊耳朵用)，剩下的面团平均分成16份(做小熊头部用)。

8 将面团滚圆盖保鲜膜松弛15分钟。取一份松弛好的面团，擀成圆形，翻面，放上约15克巧克力。

9 包圆，捏紧收口，依次包好所有面团，收口朝下排放于烤盘，放温暖湿润处二次发酵至原来2倍大。

10 取出发酵好的面团，将做耳朵用的小面团沾水蘸在每个面团上方。表面刷全蛋液。

11 放入预热好的烤箱，下层上下火170℃烘烤约20分钟出炉，放至晾网晾凉。

12 将黑巧克力和白巧克力分别装入裱花袋中，隔温水熔化成液体，在面包上画出小熊的五官即可。

小熊耳朵做法

二次发酵的时候将做耳朵用的面团平均分成32份，每份2克，搓成小球状，盖上保鲜膜待用。

TIPS
① 小熊的耳朵主要用于装饰，所以不需要发太大，所以二次发酵好以后再做小熊的耳朵也可以。
② 一定要等面包凉了以后再画小熊的五官，不然巧克力液体难以凝固。

小猫挤挤包

烤焙温度
175℃

烘烤时间
25分钟

成品 16 个

面团材料
高筋面粉 250 克
低筋面粉 50 克
全蛋液 40 克
奶粉 15 克
盐 3 克
酵母 4 克
细砂糖 55 克
水 150 克
无盐黄油 30 克

表面装饰
大杏仁 32 粒
黑巧克力适量
高筋面粉适量

模具
24 厘米 ×21 厘米长
方形烤盘 1 个

做法

1 将高筋面粉、低筋面粉、酵母、奶粉、细砂糖、盐放入厨师机搅拌桶内。

2 用筷子将这些干性材料混合均匀后，加入全蛋液和水。

3 用筷子搅拌至基本看不见干粉，装上搅面棒，启动厨师机4挡，揉约8分钟。

4 检查面团，可拉出较厚的薄膜，膜的破洞不平整有锯齿状。

5 加入软化的黄油。

6 继续启动厨师机4挡，揉面约10分钟。

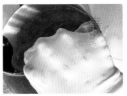

7 面团揉至完全阶段，能拉出大片结实的薄膜，破洞边缘光滑，揉面结束。

8 面团滚圆后发酵至原来的2倍大，戳洞，洞口不回缩、不塌陷即第一次发酵结束。

9 将面团取出按压排气，分割出16个35克左右的小面团，盖上保鲜膜松弛15分钟，然后再次滚圆排入烤盘中。

10 整形好的面包坯放在温暖湿润处二次发酵至原来的2倍大。

11 在每个面团上方对称插入大杏仁，面团表面筛少许高筋面粉。

12 烤箱175℃预热5分钟，中层，中下火，烤约25分钟。出炉后脱模放在晾网上晾凉，扫去表面多余面粉。

13 巧克力隔温水熔化，将巧克力液装入一次性裱花袋里，前端剪一个小口，在面包上画上小猫的五官即可。

TIPS

第一次发酵的时间不是固定的，温度不同，发酵时间长短也都不一样，要多观察面团，以面团的状态为准。

黑加仑辫子包

🔥 烤焙温度 190℃　　⏱ 烘烤时间 15~20 分钟

成品3个

面团材料	表面装饰
高筋面粉300克	无盐黄油50克
细砂糖70克	糖粉50克
酵母4克	全蛋液50克
盐4克	低筋面粉50克
水120克	黑加仑干30克 (提前
全蛋液50克	用百利甜酒浸泡好)
蜂蜜15克	
无盐黄油60克	

奶酥酱做法

将表面装饰材料中无盐黄油软化后搅打均匀，加入糖粉搅匀；分次加入全蛋液拌匀后筛入低筋面粉，搅拌均匀，装入裱花袋中备用。

1 后油法(见14页)将面团搅拌至完全状态。

2 盖上保鲜膜，放在温暖湿润处进行基础发酵，至原来的2.5倍大。

3 取出发酵好的面团并排气，均匀分成9份。滚圆后盖上保鲜膜松弛15分钟，再搓成长条。

4 取3根长条编成麻花辫状。

5 烤盘内铺上油纸，放入依次处理好的面包坯。

6 将面包坯二次发酵至原来的2倍大，表面刷上全蛋液。

7 将表面装饰材料中的黑加仑干撒在面包坯上；裱花袋前端剪一小口，挤上奶酥酱。

8 烤箱190℃预热，中层烤15~20分钟至表面金黄即可。

培根奶酪花儿卷

🔲 烤焙温度 180℃　　⏱ 烘烤时间 25 分钟

成品5个

面团材料	夹馅
高筋面粉250克	培根3片
水90~100克	奶酪6片
牛奶35克	
全蛋液30克	**表面装饰**
奶粉10克	全蛋液适量
无盐黄油25克	
盐3克	**模具**
即发干酵母3克	6寸圆形烤盘1个
细砂糖30克	

1 将面团材料中除无盐黄油外的其他材料放入面包机桶内。

2 启动和面程序，15分钟后和面结束，加入软化黄油，再次启动和面程序，将面团揉至光滑状。

3 将面团收圆后放在温暖湿润处发酵至原来的2.5倍大。

4 取出发酵好的面团，按压排出面团内气体，将面团分割成等量的3份，盖上保鲜膜，松弛15分钟。

5 取一份面团擀成椭圆形，铺上2片奶酪片。

6 铺上1片培根。

7 卷起后，用刀从中间切成两半。

8 所有面团依次做好后，排放在圆形烤盘中。

9 放在温暖湿润处二次发酵至原来的2倍大，表面刷上全蛋液。

10 烤箱180℃预热好后放入面包坯，烤约25分钟至表面金黄。

玫瑰花面包

□ 烤焙温度 175℃　　⏱ 烘烤时间 20 分钟

成品 14 个

面团材料	表面装饰
高筋面粉 300 克	全蛋液适量
细砂糖 50 克	
盐 2.5 克	**模具**
酵母 3.5 克	8 寸不粘圆形模具 1 个
全蛋液 30 克	
牛奶 120 克	
淡奶油 40 克	
无盐黄油 20 克	

1 后油法(见14页)将面团搅拌至完全状态。

2 将揉好的面团放在温暖湿润处进行基础发酵，至原来的2倍大。

3 取出发酵好的面团，按压排气，分割成每个15克的面团，共35个，滚圆，盖上保鲜膜，松弛15分钟。

4 将面团擀成圆形面片。

5 取5片面片，叠放在一起。用筷子从中间按压一下。

6 从上往下卷起。

7 用切面刀从中间切断，就做成了两朵玫瑰花。

8 做出7组共14朵玫瑰花，排放在模具里。

9 放在温暖湿润处进行二次发酵，至原来的2倍大，表面刷一层全蛋液。

10 烤箱预热至175℃，中下层烤约20分钟至表面金黄即可。

香蕉面包

🍴 烤焙温度 180℃　⏱ 烘烤时间 12~15分钟

面团材料	夹馅
高筋面粉185克	卡仕达酱
低筋面粉15克	（具体做法见69页）
炼乳20克	
盐2克	表面装饰
酵母2.5克	全蛋液适量
香蕉115克	
牛奶50克	
无盐黄油15克	

TIPS

作夹馅用的卡仕达酱可以多准备一些，用剩的酱料可以用来装饰表面。

1 将成熟的香蕉用勺子碾压成香蕉泥，和面团材料中除无盐黄油外的材料混合。

2 揉成光滑的面团，加入软化的黄油继续揉至完全阶段。

3 揉好的面团放入容器内，盖上保鲜膜，放在25~28℃的环境中发酵至原来的2倍大。

4 将发酵好的面团取出，轻拍排气，分成8等份，滚圆后盖上保鲜膜松弛15分钟。

5 将面团擀成椭圆形，挤上约20克的卡仕达酱，注意留一些卡仕达酱最后挤表面用。

6 从上向下卷起来，边卷边压紧两边收口。

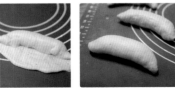

7 调整成弯弯的香蕉造型，依次将所有面团整形好。

8 排放在烤盘中；放温暖湿润处二次发酵至原来的2倍大，在面包坯表面刷全蛋液。

9 将剩余的卡仕达酱装入裱花袋中，裱花袋前端剪一小口，以线条状挤在面包坯表面。

10 烤箱180℃预热，放入中层，上下火烤12~15分钟至表面呈金黄色即可。

肠仔包

成品8个

面团材料	夹馅
高筋面粉200克	熟小香肠6根
低筋面粉50克	**表面装饰**
细砂糖20克	全蛋液适量
盐3克	沙拉酱1大匙
酵母3克	（具体做法见262页）
全蛋液25克	番茄酱1大匙
水142克	罗勒或香葱碎少许
无盐黄油20克	

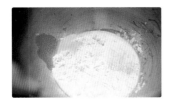

1 将面团材料里除无盐黄油外的所有材料混合。

2 揉到面团光滑能出粗膜时，加入软化的黄油继续揉至面团能拉出比较结实的半透明薄膜的状态。

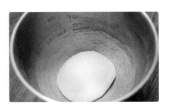

3 将面团收圆放入容器内，盖上保鲜膜，放在温暖湿润处进行基础发酵。

4 发酵至原来的2.5倍大，用手指蘸面粉戳个洞，洞口不会马上回缩或塌陷即发酵完成。

5 取出发酵好的面团，按压排出面团内气体。将发酵好的面团分割成8等份，滚圆，盖上保鲜膜松弛15分钟。

6 取一份面团，擀成椭圆形面片。

7 翻面后卷成长条状，捏紧收口，再搓成长度约25厘米的长条。

8 将长条对折，两头衔接处捏紧，中间放上小香肠。

9 依次处理好所有的面团，整齐排放在烤盘中。

10 放在约35℃的温暖环境下二次发酵至原来的2倍大。

11 表面刷全蛋液，沙拉酱和番茄酱分别装入裱花袋内，袋子前端剪一个小口子，以"Z"形挤在面包坯上，再撒上罗勒碎或香葱碎。

12 烤箱预热至170℃，中层烤约18分钟即可。

椰蓉麻花面包

烤焙温度
175℃

烘烤时间
20 分钟

成品6个

面团材料	表面装饰
高筋面粉 300 克	椰蓉适量
细砂糖 50 克	全蛋液适量
盐 3 克	
酵母 3.5 克	
全蛋液 20 克	
牛奶 150 克	
无盐黄油 30 克	

做法

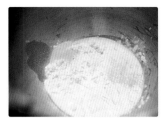

1 将面团材料中除无盐黄油外的所有材料混合。

2 揉成出粗膜的光滑面团，加入软化的黄油继续揉至可以拉出大片透明结实的薄膜的完全阶段。

3 揉好的面团放入容器内，盖上保鲜膜，放在温暖湿润处进行基础发酵。

4 发酵至原来的2~2.5倍大，手指蘸粉戳洞，洞口不回弹、不塌陷。

5 将发酵好的面团取出，轻拍排气。

6 称重后等分为6份，滚圆后盖保鲜膜松弛15分钟。

7 取一份松弛好的面团，从中间捏出一个圆洞。

8 用刀切断后将面团揉成一根约40厘米的长条。

9 将长面条对折，扭成麻花状，捏紧底部收口。

10 依次处理好所有的面团，均匀地排放在烤盘上。

11 放在温暖湿润处二次发酵至原来的2倍大，表面刷全蛋液，均匀撒上椰蓉。

12 放入预热好的烤箱，175℃中层烤约20分钟至表面呈金黄色即可。

毛毛虫肉松面包

烤焙温度
175℃

烘烤时间
20分钟

成品6个

面团材料	夹馅
高筋面粉300克	肉松适量
细砂糖70克	沙拉酱适量
酵母4克	（具体做法见262页）
盐5克	
水130克	**表面装饰**
全蛋液50克	全蛋液少许
蜂蜜15克	黑芝麻适量
无盐黄油60克	

1 将除无盐黄油外的所有面团材料放入面包机桶内。

2 启动和面程序,1个和面程序结束后加入软化的无盐黄油。

3 再次启动和面程序,揉至可拉出薄膜。

4 盖上保鲜膜,放温暖潮湿处发酵至原来的2倍大。

5 取出发酵好的面团,排气,均分成6份,盖上保鲜膜,滚圆后松弛15分钟。

6 将面团擀成椭圆形。

7 翻面,拉开椭圆形面饼的两端,擀成长方形。

8 在上端1/3处抹上一层沙拉酱。

9 均匀撒上肉松。然后在下端切开6刀。

10 自上而下卷起,捏紧收口处(以免烤的时候裂开)。

11 依次将所有面包坯整形好,排入烤盘,放在温暖湿润处二次发酵至原来的2倍大。

12 面包坯的表面刷全蛋液,撒黑芝麻。

13 烤箱175℃预热,中层烤20分钟至表面呈金黄色即可。

奶黄麻花面包

成品6个

面团材料	夹馅（奶黄馅）	表面装饰
高筋面粉200克	鸡蛋1个	全蛋液适量
低筋面粉50克	细砂糖20克	
酵母3克	牛奶30克	
盐3克	淡奶油20克	
奶粉12克	无盐黄油15克	
牛奶140克	高筋面粉13克	
鸡蛋25克	玉米淀粉13克	
细砂糖55克	奶粉10克	
无盐黄油30克		

奶黄馅做法

鸡蛋磕入小锅里，加入细砂糖用手动打蛋器搅拌均匀，再加入牛奶、淡奶油搅拌均匀，拌入高筋面粉、玉米淀粉和淡奶油搅拌至无颗粒的稀糊状；加入无盐黄油，将锅开小火加热，不停地搅拌。直到奶黄馅凝固，可以翻拌成不粘手的面团即可，放凉后盖上保鲜膜备用。（如果很粘手或者刮刀拌不光滑就是还没煮好）

1 将面团材料里除无盐黄油外的所有材料混合。

2 揉至面团光滑面筋扩展时加入软化黄油，继续揉至能拉出薄膜且有韧性的扩展阶段。

3 面团滚圆放入容器中，放在温暖湿润处进行基础发酵。

4 发酵至原来的2.5倍大，用手指蘸面粉在面团上戳洞，洞口不回缩、不塌陷即可。

5 取出发酵好的面团排气，滚圆后盖上保鲜膜松弛15分钟；将松弛好的面团擀成长约30厘米的长方形面片。

6 在一半的面片上铺上奶黄馅。

7 对折捏紧收口处。

8 擀开成长方形。

9 用切刀均匀地切成6等份。

10 将每份面团再从中间竖切一刀，保留顶端1厘米左右不要切断。

11 扭成麻花状。

12 捏紧底部收口。

13 依次处理好所有的面团，铺在模具内，如果不是不粘烤盘需要铺油纸防粘。

14 放在温暖湿润处二次发酵至原来的2倍大，表面刷一层全蛋液。

15 放入预热好的烤箱，中层，上下火180℃烤25分钟至表面金黄，中途上色合适后加盖锡纸。

小兔香肠面包

烤焙温度
170℃

烘烤时间
18分钟

成品6个

面团材料

高筋面粉250克
细砂糖35克
盐3克
酵母3.5克
全蛋液25克
牛奶135克
无盐黄油30克

夹馅

熟小香肠6根

表面装饰

全蛋液适量
黑巧克力少许

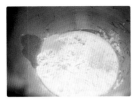

1 将面团材料里除无盐黄油外的所有材料混合。

2 揉到面团光滑能出粗膜时，加入软化黄油继续揉至面团能拉出大片薄膜的完全阶段。

3 将面团收圆放入容器内，盖上保鲜膜，放在温暖湿润处进行基础发酵。

4 发酵至原来的2.5倍大，用手指蘸面粉戳个洞，洞口不会马上回缩或塌陷即发酵完成。

5 取出发酵好的面团，按压排出面团内气体。将面团分割成6等份，滚圆后盖上保鲜膜松弛15分钟。

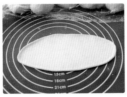

6 取一份面团，擀成椭圆形的面片。

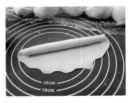

7 翻面后卷成长条状，捏紧收口。

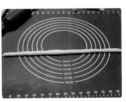

8 依次卷好所有面团，取出一份卷好的面团，搓成大约40厘米的长条形。

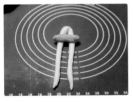

9 将长条蘸少许面粉，对折，将小香肠放在长条上。

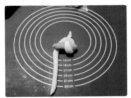

10 将一边长端的条状面团穿进对折处的小洞里。

11 再将另一根长面条也穿进去，稍整理下兔子的形状。

12 依次处理好所有的面团，整齐排放在烤盘中。

13 放温暖湿润处二次发酵至原来的2倍大，表面刷全蛋液。

14 烤箱预热到170℃，中层烤约18分钟即可；出炉后放在晾网上晾凉。

15 黑巧克力装入裱花袋中，放入温水里浸泡至熔化，再将裱花袋前端剪一个小口，用黑巧克力液来画出兔子眼睛即可。

> **TIPS**
> ① 香肠一定要用熟的，长度大约10厘米。
> ② 注意观察面包上色情况，需结合自家烤箱适当调整温度和时间，如中途上色合适，要及时加盖锡纸防止上色过度。

小绵羊面包

烤焙温度
180℃

烘烤时间
15 分钟

成品6个

面团材料	表面装饰（酥皮）
高筋面粉200克	高筋面粉20克
细砂糖25克	花生酱20克
盐1克	无盐黄油50克
无盐黄油20克	花生粉40克
牛奶140克	细砂糖15克
酵母3克	

表面酥皮做法

无盐黄油室温下软化，搅打均匀，加入细砂糖搅拌均匀，再加入花生酱拌匀；最后加入花生粉、高筋面粉，混合均匀即可。

1 将面团材料里除无盐黄油外的所有材料放入面包机桶内。

2 启动和面程序,1个和面程序结束后,面团揉至表面略具光滑的状态。

3 加入软化的黄油,再次启动和面程序。

4 第2个和面程序结束后,取一份面团,慢慢抻开,此时面团可拉出一层坚韧的薄膜,用手指捅破,破洞边缘光滑。

5 将面团盖上保鲜膜放在温暖湿润处发酵。

6 面团发酵至原来的2~2.5倍大。

7 将面团取出来按压排气,分成6等份,滚圆后盖上保鲜膜松弛10分钟。

8 取一个面团压扁,擀成椭圆形。

9 将面团前端切掉一块,切下的面团再分别切成大、中、小4块小面团。

10 将切下来的最小块面团作为小绵羊的耳朵;最大的一块面团搓成细长条,卷起来贴到面团上,做小绵羊的角。

11 将剩余的两块面团用作小绵羊的腿。

12 把做好的面包坯放在铺了油纸的烤盘里。

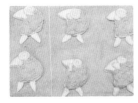

13 将用作表面装饰的酥皮铺在小绵羊的身上。

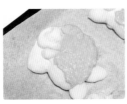

14 在烤箱里放一盘热水,放入面包坯进行二次发酵,至原来的2倍大。

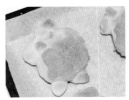

15 二次发酵结束后,烤箱预热至180℃,置于中层,用上下火烘烤约15分钟至表面金黄即可。

小蜗牛面包

成品9个

面团材料

高筋面粉160克
低筋面粉40克
即发干酵母2.5克
细砂糖35克
盐2.5克
全蛋液30克
牛奶95克
无盐黄油25克

表面装饰

全蛋液少许
黑巧克力少许
卡仕达酱少许

1 将面团材料里除无盐黄油外的所有材料放入面包机桶内。

2 1个和面程序结束后，面团揉至表面略光滑的状态；加入软化的黄油，再次启动和面程序。

3 第2个和面程序结束后，面团揉至光滑的状态。

4 以可以拉出光滑的薄膜，用手指捅破，破洞边缘光滑为准。

5 将面团收圆，盖上保鲜膜，放在温暖湿润处进行基础发酵。

6 让面团发酵至原来的2~2.5倍大。

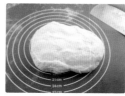

7 将面团取出来按压排出里面的空气。

8 将面团分割成30克和12克的大小面团各9个，分别滚圆后盖上保鲜膜松弛15分钟。

9 将松弛后的大面团擀成椭圆形，翻面后自上而下卷成条。

10 将面条搓成长度约25厘米的长条。

11 将长条盘成卷，再将小面团搓成长长的锥形。

12 将锥形面团放在旁边，做成蜗牛的样子。

13 依次处理好所有的面团，将做好的面包坯铺在烤盘上。

14 放在温暖湿润处二次发酵至原来的2倍大，发酵结束后表面刷上全蛋液，在蜗牛壳的螺旋处挤上稍细的卡仕达酱。

15 放入预热至180℃的烤箱，中层，上下火，烤15分钟至表面呈金黄色。

16 出炉晾凉后，黑巧克力装入裱花袋中，放入温水里浸泡至熔化，再将裱花袋前端剪一个小口，用黑巧克力液画上小蜗牛的五官即可。

椰蓉叶子面包

烤焙温度
170℃

烘烤时间
20 分钟

成品4个

面团材料	夹馅（椰蓉馅）
高筋面粉 200 克	椰蓉 35 克
细砂糖 35 克	细砂糖 20 克
盐 2 克	无盐黄油 18 克
酵母 3 克	奶粉 8 克
全蛋液 20 克	全蛋液 25 克
浓稠酸奶 45 克	
牛奶 70 克	**表面装饰**
无盐黄油 15 克	全蛋液适量

椰蓉馅做法

将夹馅材料里除无盐
黄油外的其他材料混
合，拌匀后加入软化黄
油，用刮刀拌均匀，分
成4等份，备用。

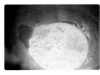

1 将面团材料里除无盐黄油外的所有材料混合。

2 揉到面团光滑能出粗膜时，加入软化的黄油继续揉至面团扩展阶段（能撑开厚的薄膜，裂口呈锯齿状）。

3 将面团收圆放入容器内，盖上保鲜膜，放在温暖湿润处进行基础发酵。期间可制作椰蓉馅。

4 发酵至原来的2倍大，用手指蘸面粉戳洞，洞口不会马上回缩或塌陷即发酵完成。

5 取出发酵好的面团，按压排出面团内气体。将面团分割成4等份，滚圆后盖上保鲜膜松弛15分钟。

6 取一份面团，擀成圆形的面片，包上一份椰蓉馅。

7 包圆，捏紧收口，收口处朝下摆放。

8 用擀面杖将包好椰蓉馅的面团擀成长椭圆形。

9 翻面后，将一边折过来。

10 然后再用另一边翻过去包住。

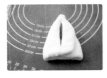

11 用刀在中间划一刀到底，注意不要将两头切断。

12 将尖的一头从中间刀口处穿过。

13 然后翻面整理好形状即可。

14 依次处理好所有的面团，整齐排放在烤盘中。

15 放在约35℃的温暖湿润处二次发酵至原来的2倍大。

16 在面包坯表面刷上全蛋液。

17 烤箱预热至170℃，中层烤约20分钟即可。

圣诞花环面包

烤焙温度
180℃

烘烤时间
18 分钟

扫码看同步视频

成品2个

面团材料
高筋面粉270克
盐 3 克
鸡蛋 45 克
细砂糖 35 克
酵母 3 克
牛奶 125 克
无盐黄油 20 克

表面装饰
无盐黄油适量（熔化状）
蔓越莓干适量
全蛋液适量

1 将面团材料里除无盐黄油外的所有材料混合。

2 揉至面团光滑，能拉出稍透明但易破的膜时加入软化黄油，继续揉至能拉出薄膜且有韧性的扩展阶段。

3 将面团滚圆放入容器中，放在温暖湿润处进行基础发酵。

4 面团发酵至原来的2.5倍大，用手指蘸面粉在面团上戳个洞，洞口不回缩、不塌陷即可。

5 取出发酵好的面团排气，分成6等份，滚圆盖上保鲜膜滚圆松弛15分钟。

6 将松弛好面团擀成椭圆形面片，翻面后压薄底边，从上往下卷起成长条。

7 再将长条搓成约70厘米的长条，搓的时候轮流交替。

8 取3根长条编成"麻花辫"状，再首尾相连捏紧收口处，制作成花环状。

9 放在温暖湿润处二次发酵至原来的2倍大。

10 取出发酵好的好的面包坯，刷上全蛋液，再点缀上蔓越莓干。

11 放入预热好的烤箱，180℃烤约18分钟至表面金黄。出炉后立即薄薄地刷一层熔化的黄油，放凉后密封保存即可。

什蔬心形面包(中种)

烤焙温度
180℃

烘烤时间
20分钟

成品6个

中种面团材料	主面团材料	表面装饰
高筋面粉125克 酵母2.5克 牛奶100克	高筋面粉125克 细砂糖20克 全蛋液25克 盐4.5克 水40克 无盐黄油20克	混合什蔬120克(胡萝卜丁、 豌豆、火腿丁和玉米粒) 马苏里拉奶酪碎70克 黑胡椒粉少许 沙拉酱1大匙 (具体做法见262页) 盐少许

1 将中种面团材料全部混合，大致揉成团，盖上保鲜膜。

2 室温发酵半小时后放入冰箱冷藏发酵17小时至原来的2.5倍大。

3 将发酵好的中种面团撕成小块，与主面团材料里除无盐黄油外的所有材料混合。

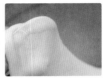

4 揉至面团光滑略有筋度时加入软化的黄油，继续揉到能拉出较为结实的透明薄膜。

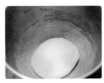

5 将面团收圆放入容器内，盖上保鲜膜进行基础发酵。

6 放在温暖湿润处发酵至原来的2.5倍大，用手指蘸面粉戳洞，洞口不会马上回缩或塌陷即发酵完成。

7 取出发酵好的面团，按压排出面团内气体。将发酵好的面团分割成6份，滚圆，盖上保鲜膜松弛15分钟。

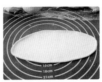

8 取一份松弛好的面团，擀成长的椭圆形。

9 翻面后横过来放，将底边压薄，从上而下卷成长条状。

10 将卷好的长条稍微搓长一些，从中间一分为二切开，留一端相连不要全部切断。

11 将切开的两根长条分开向中间对接成心形。

12 依次处理好所有的面团，整齐排放在烤盘中。

13 放在约35℃温暖环境下二次发酵至原来的2倍大，手指按压面团表面可以缓慢回弹。

14 将胡萝卜丁、豌豆、玉米粒放入热水中焯烫至断生，捞出沥干水分，与火腿丁混合，加盐、黑胡椒、沙拉酱拌匀。

15 在发酵好的心形面包坯中间撒少许马苏里拉奶酪碎，再撒上混合什蔬，最后再撒一些马苏里拉奶酪碎。

16 烤箱180℃预热，中层烤约20分钟即可。

TIPS

① 每家冰箱温度不同，并且发酵室温也不同，所以发酵时间和面团发酵状态会有区别是正常的，以面团状态为准调节时间。

② 混合什蔬食材要用厨房纸吸干水分再使用，避免烘烤时出水而影响面包口感。

奶香麻花

面团材料

高筋面粉400克　　　酵母4.5克
细砂糖65克　　　　　无盐黄油45克
牛奶210克　　　　　　盐3.5克
全蛋液55克　　　　　蜂蜜10克

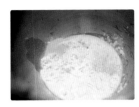

1 将面团材料里除无盐黄油外的所有材料混合。

2 揉到面团光滑能出粗膜时，加入软化的黄油继续揉至面团能拉出比较结实的半透明薄膜。

3 将面团收圆放入容器内，盖上保鲜膜，放在温暖湿润处进行基础发酵。

4 发酵至原来的2.5倍大，用手指蘸面粉戳洞，洞口不会马上回缩或塌陷即发酵完成。

5 取出发酵好的面团，按压排出面团内气体。将发酵好的面团分割成9等份，滚圆，盖上保鲜膜松弛15分钟。

6 取一份松弛好的面团，搓成约80厘米的长条。

7 将长条对折，左右捏住中间部位，右手将面条顺一个方向扭成麻花状。

8 再次对折，继续扭八字形。

9 对折处末端塞入第一次对折处的圆孔内，麻花坯就做好了。

10 依次处理好所有的面团，整齐排放在烤盘中。

11 放在温暖湿润处二次发酵至原来的2倍大。

12 锅里倒油，烧至六七成热，放入发酵好的麻花坯。

13 小火油炸，炸的时候注意翻面。

14 全部炸至金黄后捞出，控去多余油脂，放凉后密封保存即可。

TIPS

① 搓长条的时候要注意让面团充分松弛，否则面团容易回缩，不易搓长。

② 炸的时候油温很重要，油温高了外面很快会上色，而里面却不熟；油温太低的话，面包又会非常吸油。如果掌握不好油温，可以放一小块面团进去，锅里迅速泛起大量密集的泡泡，并且投进去的面团迅速浮起就表示温度可以了。切忌油温过高，否则麻花面包外表易糊而里面不易熟透。

牛油果热狗

烤焙温度 180℃　　烘烤时间 20 分钟

成品6个

面团材料	夹馅
高筋面粉210克	煮鸡蛋2个
低筋面粉90克	番茄酱1大匙
无盐黄油30克	牛油果1个
酵母34克	金枪鱼碎适量
盐4克	
细砂糖35克	
全蛋液30克	
水165克	

1 将面团材料里除无盐黄油外的所有材料放入面包机桶内，启动和面程序。

2 15~20分钟后加入软化的黄油，再次启动和面程序，揉面15~20分钟后，揉面结束。

3 盖上保鲜膜，将面团放在温暖湿润处发酵至原来的2.5倍大。

4 取出发酵好的面团，按压排出面团内气体，将面团分割成6等份。

5 盖上保鲜膜松弛15分钟。取一份面团擀成椭圆形面片，压扁底边。

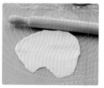

6 将面片从上往下卷起。

7 依次处理好所有的面团，将面包坯排放在烤盘中。

8 放在温暖湿润处进行二次发酵，至原来的2倍大。

9 烤箱180℃预热，中层烤约20分钟至面包上色即可取出晾凉。

10 牛油果、鸡蛋切片；面包中间切一刀（不切断），夹上馅料和金枪鱼碎，挤上番茄酱即可。

第7章
软欧包

杏仁软欧

烤焙温度
180℃

烘烤时间
25分钟

扫码看同步视频

成品2个

抹茶面团材料

高筋面粉240克
细砂糖15克
无盐黄油20克
盐2克
水110克
牛奶50克
酵母3克

夹馅

无盐黄油30克
杏仁粉30克
全蛋液30克
细砂糖30克

表面装饰

高筋面粉适量

做法

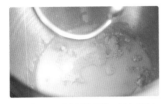

1 将面团材料里除无盐黄油外的所有面团材料混合。

2 揉至面团光滑,能拉出透明但易破的膜时加入软化黄油,继续揉至能拉出薄膜且有韧性的扩展阶段。

3 将面团滚圆放入容器中,放在温暖湿润处进行基础发酵。

4 面团发酵至原来的2.5倍大,用手指蘸面粉在面团上戳个洞,洞口不回缩、不塌陷即可。

5 取出发酵好的面团排气,分成2等份,滚圆后盖上保鲜膜松弛15分钟。

6 将松弛好的面团擀成椭圆形面片,翻面后压薄底边,中间铺上杏仁奶油馅,边缘不要抹。

7 从上往下卷起,注意收口处不要粘上馅料。

8 捏紧收口处,防止馅料流出。

9 将面包坯收口朝下摆放在烤盘中,放在温暖湿润处二次发酵至原来的2倍大。

椰蓉馅做法

无盐黄油加入细砂糖搅拌均匀,分两次加入全蛋液搅拌均匀,再加入杏仁粉拌匀即可。

10 取出发酵好的的面包坯,表面筛高筋面粉,用割包刀均匀地割出刀口。

11 放入预热好的烤箱,180℃烤约25分钟即可。

全麦豆沙软欧

成品2个

面团材料
高筋面粉200克
低筋面粉40克
（含麦麸）全麦面粉60克
无盐黄油18克
蜂蜜30克
细砂糖20克
盐3克
酵母3.5克
水190克

夹馅
豆沙馅200克
（具体做法见263页）

表面装饰
高筋面粉适量

1 将面团材料里除无盐黄油外的所有材料混合。

2 揉到面团光滑。

3 加入软化的黄油，继续揉至面团能拉出大片薄膜的扩展阶段。

4 将面团收圆放入容器内盖上保鲜膜进行基础发酵。

5 盖上保鲜膜，放在温暖湿润处发酵至原来的2.5倍大。

6 取出发酵好的面团，按压排出面团内气体，将面团分割成2等份。滚圆，盖上保鲜膜松弛15分钟。

7 取一份面团，擀成长形的面片后翻面，铺上豆沙馅，下端不要铺馅料，再擀薄底边。

8 从上往下卷起，捏紧两端和底部收口处。

9 将面包坯收口朝下排放在烤盘中，放在温暖湿润处二次发酵至原来的2倍大。

10 表面筛高筋面粉，用割包刀割出刀口。

11 烤箱190℃预热好，中层烤约25分钟即可。

蔓越莓软欧

烧烤温度
180℃

烘烤时间
22 分钟

成品 2 个

面团材料
高筋面粉 250 克
盐 3 克
酵母 3 克
水 150 克
蔓越莓干 60 克
细砂糖 35 克
奶粉 16 克
无盐黄油 25 克

表面装饰
高筋面粉适量

模具
直径 18 厘米的
圆形发酵篮 2 个

做法

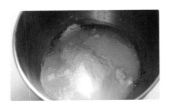

1 将面团材料里除无盐黄油和蔓越莓干外的所有材料混合。

2 用筷子将材料搅拌均匀；揉到面团扩展产生筋度，加入软化的黄油。

3 继续揉至面团能拉出大片透明结实薄膜的完全阶段。

4 加入蔓越莓干揉匀，将面团收圆，放入盆中。

5 揉好的面团放在温暖处进行基础发酵，至原来的2.5倍大。

6 取出发酵好的面团，按压排出面团内气体，将面团分割成2等份，滚圆后盖上保鲜膜松弛15分钟。

7 发酵篮内筛入薄薄一层高筋面粉。

8 将面团再次排气、滚圆后放入发酵篮内。

9 放在35℃的湿润环境处二次发酵至原来的2倍大。

10 将发酵好的面团倒扣在烤盘上，用割包刀从中间割"十"字形刀口，深度约1厘米。

11 放入提前预热好的烤箱内，中下层180℃烤22分钟左右，出炉后放至晾网，冷却至室温后装袋保存即可。

TIPS

如果家中有直径20-22厘米的发酵篮，准备1个就可以了。

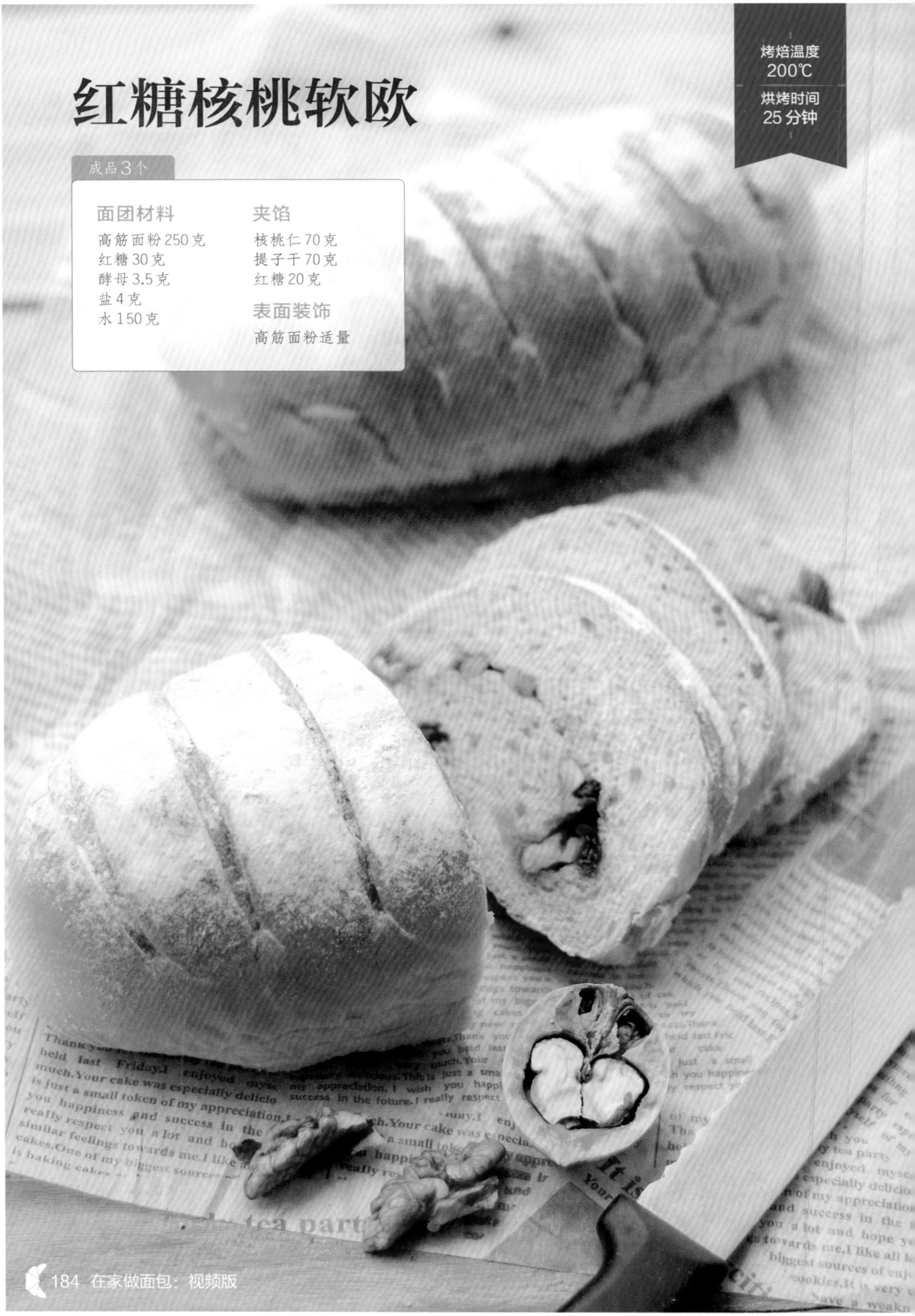

红糖核桃软欧

烤焙温度
200℃
烘烤时间
25 分钟

成品3个

面团材料

高筋面粉250克
红糖30克
酵母3.5克
盐4克
水150克

夹馅

核桃仁70克
提子干70克
红糖20克

表面装饰

高筋面粉适量

做法

1 将所有的面团材料混合揉到完全阶段。

2 分出120克面团备用，将剩余的面团加入一半的核桃仁和提子干揉匀。

3 分别将有坚果和没有坚果的2份面团基础发酵至原来的2倍大。将发酵好的2份面团取出，轻拍排气。

4 称重后将2份面团分别等分为3份，滚圆后盖上保鲜膜松弛20分钟。

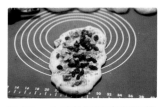

5 取一个松弛好的有坚果的面团，擀成椭圆形，上面撒上少许红糖，再撒上剩余的核桃仁和提子干。

6 从上往下卷起成两头略尖的橄榄形。

7 将无坚果的原味面团用擀面杖擀成长方形薄面皮，将整形好的坚果面包坯放在原味面皮上。

8 用外皮将内部面团包起来，捏紧收口处。

9 收口朝下整齐排放在烤盘上，放在温暖湿润处发酵至原来的2倍大。

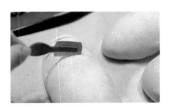

10 表面筛上一层高筋面粉，割上刀口。

11 放入预热好的烤箱，上下火200℃烤约25分钟出炉。

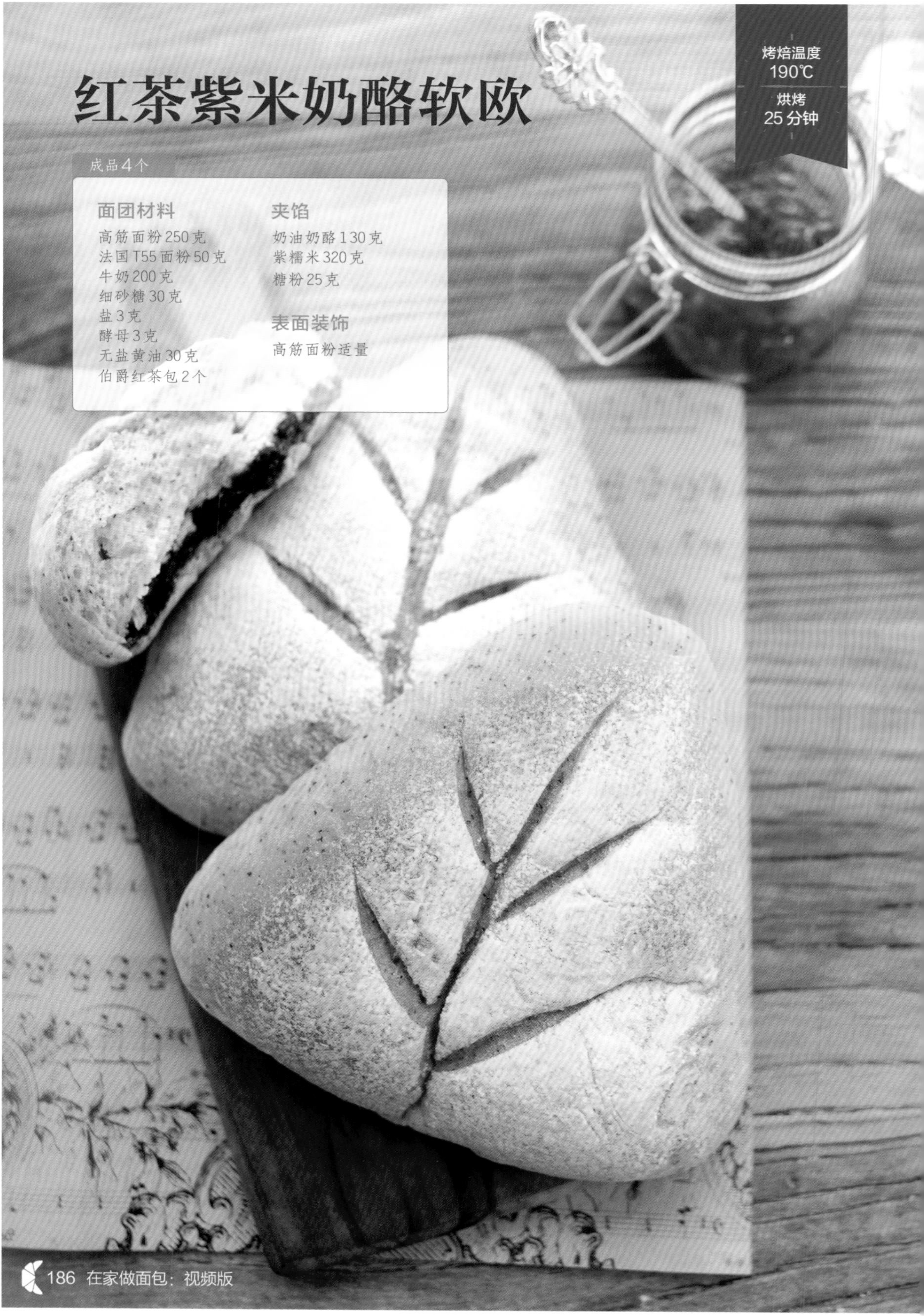

红茶紫米奶酪软欧

烤焙温度 190℃

烘烤 25 分钟

成品4个

面团材料

- 高筋面粉250克
- 法国T55面粉50克
- 牛奶200克
- 细砂糖30克
- 盐3克
- 酵母3克
- 无盐黄油30克
- 伯爵红茶包2个

夹馅

- 奶油奶酪130克
- 紫糯米320克
- 糖粉25克

表面装饰

- 高筋面粉适量

1 将面团材料里除无盐黄油外的材料混合，揉至面团光滑，能拉出粗膜后加入软化的黄油。

2 继续揉至面团能拉出结实薄膜的完全阶段。

3 将面团滚圆，放入容器内盖上保鲜膜，放在温暖湿润处进行基础发酵。

4 面团发酵至原来的2.5倍大。

5 取出发酵好的面团分成4等份，滚圆排气，盖上保鲜膜松弛15分钟。

6 将煮好的紫糯米加15克糖粉，拌匀放凉备用；奶油奶酪加剩余的糖粉，搅打均匀备用。

7 将松弛好的面团擀成圆形面片，先放上一层奶酪馅，再放上紫米馅。

8 三边对折捏紧，捏成三角形。

9 依次整好所有的面团，收口朝下排放烤盘上在温度38℃，相对温度75%的环境下进行二次发酵。

10 在温暖湿润处发酵至原来的2倍大，表面筛高筋面粉，参考图示割出刀口。

11 放入预热好的烤箱里，中层190℃烤约25分钟。

TIPS

① 天气冷的时候，可以使用能设置发酵温度的烤箱，里面放一碗热水，营造二次发酵的环境；天气热的时候可以放入烤箱，无须开启发酵模式，内部放一碗热水即可。

② 法国T55面粉即灰分（每100克小麦粉燃烧后的残余灰的重量）在0.50-0.60克之间的小麦粉，是用来制作传统法式面包的专用面粉。

全麦提子软欧

成品4个

面团材料	表面装饰
高筋面粉190克	高筋面粉适量
(含麦麸)全麦面粉55克	
可可粉7克	
水175克	
细砂糖15克	
酵母3克	
盐3克	
无盐黄油15克	
提子干40克	

做法

1 将面团材料里除提子干和无盐黄油外的所有材料混合。

2 启动厨师机,将其搅拌成团。

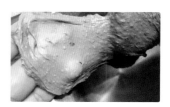

3 加入软化的黄油再揉至扩展阶段。

4 加入提子干。

5 将提子干均匀地揉入面团中。

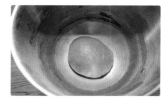

6 放在温暖湿润处进行基础发酵。

7 发酵至原来的2倍大,取出发酵好的面团,压扁排气。

8 分割成4等份,盖上保鲜膜松弛15分钟,滚圆后排入烤盘中。

9 二次发酵至原来的2倍大。

10 筛上高筋面粉,割"十"字形刀口。

11 烤箱180℃预热,中层烤18~20分钟即可。

TIPS
① 提子干可以用朗姆酒或者百利甜酒浸泡后再用,香味更浓郁。
② 割包时用锋利的刀或者刀片来割,刀口深度不宜超过1厘米。
③ 全麦软欧不加辅料口感会相对单调,所以不可省去提子干,若没有可用蔓越莓干、葡萄干代替。

香蕉巧克力软欧

烤焙温度
180℃

烘烤时间
20 分钟

成品5个

面团材料	表面装饰
高筋面粉300克	高筋面粉适量
低筋面粉30克	
可可粉15克	
细砂糖25克	
盐3克	
香蕉泥80克	
酵母3.5克	
牛奶180克	
无盐黄油25克	
烘焙用黑巧克力豆50克	

1 将面团材料里除无盐黄油、黑巧克力豆以外的所有材料混合。

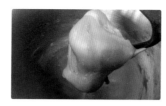

2 揉至面团光滑、面筋扩展阶段。

3 加入软化的黄油，继续揉面。

4 揉至面团柔软有光泽并且光滑的状态，即能拉出有弹性薄膜的完全阶段。

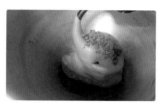

5 加入黑巧克力豆，揉匀。

6 将揉好的面团放入容器内，盖上保鲜膜进行基础发酵。

7 发酵至原来的2倍大，手指蘸面粉戳洞，洞口不回缩。

8 将面团分成5等份，滚圆后盖上保鲜膜松弛20分钟左右。

9 用擀面杖将面团擀开成椭圆形面片，一侧擀薄一些。

10 从上往下卷成橄榄形，捏紧收口处。

11 依次处理好所有的面团，排放在烤盘中，放在温暖湿润处二次发酵至原来的2倍大。

12 表面筛高筋面粉，划刀口；烤箱中层180℃，烤约20分钟即可。

枸杞芋泥软欧

烤焙温度
200℃

烘烤时间
20 分钟

成品5个

面团材料

高筋面粉300克
细砂糖15克
酵母4克
盐3克
奶粉20克
全蛋液30克
水75克
无盐黄油15克
枸杞汁90克

夹馅（芋泥馅）

芋头500克
细砂糖35克
牛奶60克
无盐黄油25克

表面装饰

高筋面粉适量

做法

1 将面团材料里除无盐黄油外的所有材料混合。

2 揉到面团光滑，加入软化的黄油，继续揉至面团能拉出大片薄膜的完全阶段。

3 将面团收圆放入容器内，放在温暖湿润处发酵至原来的2.5倍大。期间可制作芋泥馅。

4 取出发酵好的面团，按压排出面团内气体。

5 将发酵好的面团分割成5等份；滚圆后盖上保鲜膜松弛15分钟。

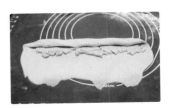

6 取一份面团，擀成椭圆形的长面片后翻面，在上端铺上芋泥馅，接着擀薄底边。

7 从上往下卷起，卷成橄榄形，捏紧底部收口，再搓长一些。

8 按照贝果的整形方式，将一头压扁，另一头搓细后放在压扁处。

9 捏紧收口处，将收口朝下排放在烤盘中，放温暖湿润处二次发酵至原来的2倍大。

10 表面筛高筋面粉，用割包刀割出刀口。

11 烤箱200℃预热，中层烤约20分钟即可。

枸杞汁做法

15克枸杞加75克水，放入料理机里搅打成汁。

芋泥馅做法

将芋头洗净去皮切成块，放入蒸锅蒸至熟软；碾压成细腻的芋泥，趁热加入细砂糖、牛奶、无盐黄油，拌匀后备用即可。

全麦核桃软欧

成品4个

面团材料

高筋面粉175克
(含麦麸)全麦面粉
75克
细砂糖25克
酵母3克
盐4.5克
水165克
无盐黄油15克

夹馅

蔓越莓干50克
核桃仁50克

表面装饰

高筋面粉少许

1 将面团材料中除无盐黄油外的所有材料混合，揉成出粗膜的光滑面团。

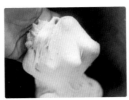

2 加入软化的黄油，继续揉至可以拉出大片透明结实薄膜的完全阶段。

3 揉好的面团加入蔓越莓干和核桃碎揉匀。

4 放入容器内，盖上保鲜膜，放在25~28℃的环境中进行基础发酵。

5 发酵至原来的2~2.5倍大，手指蘸面粉戳洞，洞口不回弹、不塌陷。

6 将发酵好的面团取出，轻拍排气，称重后等分为4份。

7 逐份滚圆后盖保鲜膜松弛15分钟。

8 取一份松弛好的面团。

9 擀成椭圆形，翻面。

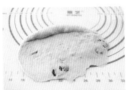

10 从上往下卷，边卷边将左右两边向下压。

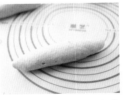

11 卷成橄榄形，盖上保鲜膜，松弛15分钟。

12 依次处理好所有的面团，收口朝下排放在烤盘上。

13 放在温暖湿润处二次发酵，至原来的2倍大；面团表面喷少许水，表面筛面粉，划刀口。

14 放入预热好的烤箱，中层220℃烤约20分钟即可。

可可麻薯软欧

烤焙温度
180℃

烘烤时间
20分钟

成品3个

可可面团材料

高筋面粉250克
可可粉15克
盐3克
细砂糖35克
酵母4克
无盐黄油25克
水170克

麻薯面团材料

糯米粉70克
玉米淀粉20克
牛奶120克
细砂糖30克
无盐黄油10克

夹馅

提子干30克
（用朗姆酒浸泡一夜）

表面装饰

高筋面粉适量

做法

1 将麻薯面团材料里除无盐黄油外的所有材料混合（留少许玉米淀粉备用），搅拌成糊状。

2 拌好的麻薯糊放入蒸锅里蒸约30分钟，蒸至完全凝固状。

3 取出放至微热后，加入无盐黄油，揉至完全吸收，成一个光滑的面团，包上保鲜膜放凉备用。

4 将可可面团材料里除无盐黄油外的所有材料混合搅拌均匀，揉至光滑后加入软化的黄油揉至完全阶段。

5 揉好的面团盖上保鲜膜，放在温暖湿润处发酵至原来的2倍大。

6 取出发酵好的面团按压排气。

7 将可可面团和麻薯面团分别分成3等份，松弛10分钟。

8 将可可面团擀扁成椭圆形，蘸少许玉米淀粉，将麻薯面团擀成比可可面团小一些的椭圆形，放在可可面团上。

9 撒少许提子干。

10 从上往下卷起，捏紧收口处。

11 排放在烤盘中，二次发酵至原来的2倍大，表面筛少许高筋面粉，用刀片横向割出刀口。烤箱预热至180℃，中层烤约20分钟即可。

TIPS
① 形状还可以整成自己喜欢的。
② 面团很柔软，整形时可以撒些高筋面粉来擀。
③ 夹馅可以替换成葡萄干或坚果碎。

抹茶麻薯蜜豆软欧

烤焙温度
180℃
烘烤时间
25分钟

成品3个

抹茶面团材料
高筋面粉330克
抹茶粉10克
盐3克
细砂糖50克
酵母4克
无盐黄油22克
牛奶130克
全蛋液35克
淡奶油45克

麻薯面团材料
糯米粉100克
玉米淀粉30克
牛奶180克
细砂糖20克
无盐黄油10克

夹馅
蜜豆馅50克
（具体做法见263页）

表面装饰
高筋面粉适量

1 将麻薯面团材料里除无盐黄油外的所有材料混合（留少许玉米淀粉备用），搅拌成糊状。

2 拌好的麻薯糊放入蒸锅里蒸约30分钟，蒸至完全凝固状。

3 取出放至微热后，加入无盐黄油，揉到被面团完全吸收，成一个光滑的面团，包上保鲜膜放凉备用。

4 将抹茶面团材料里除无盐黄油外的所有材料混合搅拌均匀，揉至光滑后加入软化的黄油揉至完全阶段。

5 揉好的面团盖上保鲜膜，放在温暖湿润处发酵至原来的2倍大。手指蘸粉戳洞，洞不塌陷、无回缩即可。

6 取出发酵好的面团按压排气。将抹茶面团和麻薯面团分别分成3等份，盖上保鲜膜松弛10分钟。

7 将抹茶面团擀扁成椭圆形，麻薯面团蘸少许玉米淀粉擀成比抹茶面团小一些的椭圆形，放在抹茶面团上。

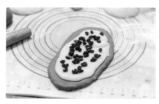

8 均匀地铺上蜜豆馅。

9 从上往下卷起，捏紧收口处，排放在烤盘中。

10 二次发酵至原来的2倍大；表面用筛少许高筋面粉，然后用刀片割出刀口。

11 烤箱预热至180℃，中层烤约25分钟即可。

黑麦混合坚果软欧包

烤焙温度
180℃

烘烤时间
28 分钟

成品 1 个

面团材料
黑麦粉 75 克
高筋面粉 175 克
盐 3.5 克
细砂糖 10 克
奶粉 10 克
酵母 3 克
无盐黄油 10 克
水 10 克

夹馅
混合坚果 80 克（腰
果、蔓越莓干、榛子
等）

表面装饰
高筋面粉适量

扫码看同步视频

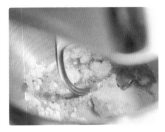

1 将面团材料中除无盐黄油外的所有材料放入厨师机内。

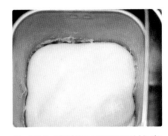

2 混合搅拌至面团可以拉出较厚膜的状态。

3 加入软化黄油，继续揉至能拉出薄膜且有韧性的扩展阶段。

4 将面团滚圆放入容器中，放在温暖湿润处进行基础发酵。

5 面团发酵至原来的2.5倍大，用手指蘸面粉在面团上戳个洞，洞口不回缩、不塌陷即可。

6 取出发酵好的面团排气，擀成长方形的面片，翻面后压薄底边，在面片上半部分铺上混合坚果，再从上往下卷起成，捏紧两端和底部收口处。

7 发酵篮里筛上一层薄薄的面粉，将面包坯底部朝上放入发酵篮中。放在温暖湿润处二次发酵至原来的2倍大，将发酵篮倒扣在烤盘上。

8 用粗木棒在面包坯顶部戳几个孔。

9 放入预热好的烤箱，180℃烤约28分钟。出炉后取出放在晾网上放凉即可。

全麦芋泥肉松软欧包

烤焙温度
190℃

烘烤时间
18 分钟

成品6个

面团材料	夹馅（芋泥馅）	表面装饰
高筋面粉240克	芋泥 340 克	高筋面粉适量
全麦粉60克	紫薯粉 5 克	
盐 4 克	无盐黄油 25 克	
细砂糖 35 克	细砂糖 35 克	
奶粉 15 克	牛奶 30 克	
酵母 3 克	肉松 30 克	
水 195 克		
无盐黄油 20 克		

扫码看同步视频

做法

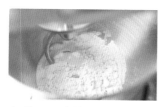

1 将面团材料中除无盐黄油外的所有材料放入厨师机内。

2 混合搅拌至面团可以拉出稍透明但易破的膜。

3 加入软化黄油，继续揉至能拉出薄膜且有韧性的扩展阶段。

4 将面团滚圆放入容器中，放在温暖湿润处进行基础发酵。期间可制作芋泥馅。

5 面团发酵至原来的2.5倍大，用手指蘸面粉在面团上戳个洞，洞口不回缩、不塌陷即可。

6 取出发酵好的面团排气，分成6等份后滚圆，盖上保鲜膜松弛20分钟。

7 将松弛好的面团擀成圆形面片，翻面后在中间铺上芋泥馅，再铺上适量肉松，接着拎起面片的三个点，在中心捏紧，再分别捏紧三个边，捏成三角形状的面包坯即可。

8 将面包坯收口朝下排放在烤盘上，放在温暖湿润处二次发酵至原来的2倍大。

9 在发酵好的面包坯表面筛上薄薄一层高筋面粉，用割包刀片划上几道刀口。

10 放入预热好的烤箱，190℃烤约18分钟。出炉后取出放在晾网上放凉即可。

芋泥馅做法

在芋泥中加入依次紫薯粉、软化的无盐黄油、细砂糖、牛奶，搅拌至无干粉、无面疙瘩的状态即可。

全麦枣香紫米软欧

🔲 烤焙温度 200℃　　⏱ 烘烤时间 20 分钟

成品2个

面团材料	夹馅
（含麦麸）全麦面粉 50克	红枣 60克
高筋面粉 130克	
黑米粉 70克	**表面装饰**
酵母 3.5克	高筋面粉少许
水 155克	
盐 3克	**模具**
无盐黄油 15克	长径21厘米椭圆发
细砂糖 30克	酵篮 2个

 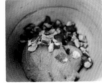  

1 将面团材料中除无盐黄油外的所有材料混合，揉成出粗膜的光滑面团。

2 加入软化的黄油继续揉至完全阶段后，加入切碎去核的红枣肉揉匀。

3 放入容器内，盖上保鲜膜。

4 放在25~28℃的环境中进行基础发酵，至原来的2~2.5倍大。

5 将发酵好的面团取出，轻拍排气。

6 称重后等分为2份，滚圆后盖保鲜膜松弛15分钟；取一份松弛好的面团，擀成椭圆形。

7 翻面，从上往下卷起，边卷边将左右两边向下压，直至卷成橄榄形。

8 发酵篮内筛入薄薄一层高筋面粉。将整形好的面团收口朝上排放在发酵篮内。

9 放在温暖湿润处二次发酵至原来的2倍大。

10 面团表面喷少许水，再筛少许高筋面粉，划刀口。放入预热好的烤箱，中层，200℃烤约20分钟即可。

第8章

起酥
面包

蔓越莓司康

🔲 烤焙温度 200℃　　⏱ 烘烤时间 20 分钟

成品10个

面团材料	表面装饰
低筋面粉150克	牛奶少许
无铝泡打粉4克	
黄油50克	
细砂糖40克	
蔓越莓干20克	
牛奶70克	
盐少许	

1 准备所需材料。黄油室温下软化，切成小丁备用；低筋面粉、泡打粉、细砂糖、盐过筛混合备用。

2 将面粉混合物和黄油混合。

3 用手搓成像面包屑一样的颗粒，再倒入牛奶。

4 揉匀后加入蔓越莓干。

5 盖上保鲜膜后放入冰箱内冷藏放置约1小时。从冰箱中取出后，分成10等份，任意轻揉成近圆形，在表面刷一层牛奶。

6 放入预热至200℃的烤箱，烤约20分钟即可。

朗姆黑加仑司康

🔲 烤焙温度 185℃　　⏱ 烘烤时间 15分钟

成品8个

面团材料	表面刷液
高筋面粉125克	全蛋液适量
无盐黄油30克	
细砂糖15克	
盐1克	
酵母2.5克	
牛奶60克	
全蛋液15克	
黑加仑果干20克	
朗姆酒30克	

TIPS

如果想做成泡打粉版,只需要将酵母换成3克泡打粉即可,注意要用不含铝的泡打粉。

1 准备好食材。提前将黑加仑果干用朗姆酒浸泡30分钟。无盐黄油室温下软化。

2 将面粉、盐、糖混合拌匀,再将提前软化的无盐黄油放入面粉中。

3 用手捏搓黄油和面粉,将黄油与面粉搓成小颗粒状。

4 将酵母、全蛋液、牛奶拌匀,倒入搓好的黄油面粉中,揉成稍具光滑的面团。

5 用厨房纸吸去浸泡好的黑加仑果干表面多余水分,再将其揉进面团中。

6 在揉好的面团上盖好保鲜膜,放入冰箱里冷藏一夜。

7 将冷藏好的面团取出,冷藏好的面团大约为原来的2.5倍大,分成8等份。

8 将分好的面包坯铺在烤盘内,表面刷全蛋液;烤箱185℃预热,中层上下火烤15分钟。

手撕包

成品2个

面团材料
高筋面粉200克
低筋面粉50克
细砂糖40克
盐4克
酵母4克
牛奶140克
全蛋液25克
无盐黄油20克

裹入用油
片状黄油125克

表面装饰
全蛋液少许
杏仁片少许

模具
6寸圆形模具2个

TIPS

① 因为面团内裹入了黄油，所以二次发酵温度不能超过28℃，防止黄油融化。

② 面团擀的时候容易回缩，所以一定要充分松弛，就是将面团静置一段时间（最好冷藏，防止松弛时间过长而导致发酵过度），这样面团的张力消失，擀的时候就不易回缩。如果擀的时候擀不开，就不要强行擀面团，只要冷藏松弛一会儿就可以了。

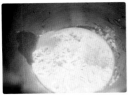  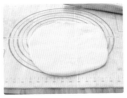 

1 将面团材料里除无盐黄油外的所有材料混合。

2 揉至面团光滑、面筋扩展时加入软化的黄油，继续揉至能拉出薄膜且有韧性的完全阶段。

3 将揉好的面团压扁，用保鲜膜包起来放入冷冻室，冷冻30分钟；将软化的片状黄油擀平成方形。

4 将冷冻后的面团，擀成长度为片状黄油2.5倍的长方形面片；将片状黄油铺在擀好的面片中间。

5 四周包起来，捏紧收口处。

6 把面团翻面，收口朝下，擀开成长方形。

7 擀好的面片左边向中间折1/3，右边折1/3，完成第一次三折。

8 盖上保鲜膜放入冰箱冷藏松弛15分钟；取出面团，再次擀开。

9 左边折1/3，右边再折1/3，完成第二次三折。盖上保鲜膜再次放入冰箱冷藏松弛15分钟；再次完成最后一次三折，一共3次三折。

10 再次冷藏松弛15分钟。把三折好的面片重新擀开成厚约1厘米、长约30厘米、宽约20厘米的长方形薄面片。

11 用切板切成4等份。

12 将切好的两份面片叠加在一起，切面朝上，再将两头对折向内卷成"如意"形状。

13 放在6寸模具内，如果不是不粘模具，需要抹软化的黄油防粘。

14 在不超过28℃的环境下二次发酵至原来的2倍大，表面刷全蛋液，撒杏仁片。

15 放入预热好的烤箱，200℃烤约10分钟后转180℃烤20分钟。出炉后立刻脱模，放在晾网上晾凉。

丹麦可颂

烤焙温度
180℃

烘烤时间
15 分钟

成品 10 个

面团材料

高筋面粉 150 克
低筋面粉 50 克
即发干酵母 3 克
细砂糖 20 克
盐 4 克
奶粉 6 克
水 120 克
无盐黄油 20 克

裹入用油

片状黄油 120 克

表面装饰

全蛋液少许
高筋面粉适量

TIPS

① 面团要冻至与黄油的软硬程度差不多，否则面团太软不容易与黄油一起被擀开。

② 片状黄油含水量低，所以最适合做酥皮类的点心。如果没有片状黄油，也可以用普通的动物性黄油，制作前需要擀成片状，最好在室温 20℃以下的环境内操作，防止面团破皮。

③ 多余的切边随意卷起来一起烤即可。

1 将面团材料里除无盐黄油外的所有材料放入面包机桶内。

2 启动和面程序，将面团揉至扩展阶段后加入软化的黄油，再次启动和面程序揉至完全阶段。

3 将面团擀开，放入冰箱里冷冻30分钟。

4 冷冻面团时将稍软化的片状黄油放入保鲜袋中擀成长方形。

5 案板上撒少许高筋面粉，取出冷冻好的面团擀成比黄油大2倍的长方形面片，将擀开的黄油片放在面片中间。

6 将面片两端向内折，包紧黄油片，捏紧接缝处。

7 用擀面杖将面团擀成长方形的大面片。

8 从左右各1/3处向中间折，完成第一次三折。

9 再将面团顺折痕的方向擀长。

10 从左右各1/3处向中间折，完成第二次三折；放入冰箱冷藏1小时。

11 将冷藏好的面团取出，顺折痕的方向擀长。

12 从左右各1/3处向中间折，完成第三次三折。

13 将三折后的面团冷藏松弛30分钟，擀成约4毫米厚的大面片。

14 用刀切成长方形面片，再切成10个底边长约9厘米，高约21厘米的等腰三角形面片。

15 将三角形面片从宽处的底边自上而下卷成牛角形。

16 依次卷好所有的面包坯。

17 将面包坯排放在烤盘上，放在温暖湿润处进行二次发酵。

18 发酵结束后，在面包坯表面刷全蛋液。

19 放入预热至180℃的烤箱中层，上下火，烤约15分钟至表面金黄即可。

丹麦金砖

成品1个

面团材料

高筋面粉270克
低筋面粉80克
酵母7克
细砂糖35克
盐4克
奶粉10克
全蛋液52克

炼乳18克
水143克
无盐黄油30克

裹入用油

片状黄油160克

表面装饰

高筋面粉适量

做法 ..

1 将面团材料里除无盐黄油外的所有材料放入面包机桶内。

2 启动和面程序,将面团揉至扩展阶段,加入软化的黄油,再次启动和面程序揉至完全阶段。

3 将面团放入大保鲜袋中擀开,放入冰箱里冷冻30分钟。

4 冷冻面团时将稍软化的片状黄油擀成长方形。

5 案板上撒少许高筋面粉,取出冷冻好的面团擀成比黄油片大2倍的长方形面片,将擀开的黄油片放在面片中间。

6 将面片两端向内折,包紧黄油片,捏紧接缝处。

7 用擀面杖沿着面团顺折的方向擀开。

8 将右端1/8处向中间折,再将左边3/8处向中间折。

9 再对折起来,完成一次四折。

10 再次将面团顺折的方向擀开。

11 将左右两端1/3处再次向中间折去,完成一次三折。

12 再次擀开。

13 切成9等份的长条。

14 取三条一组,编成麻花辫状。

15 将两端向下对折起来。

16 依次做好3份面包坯,排放在面包机桶内。

17 放在温暖湿润处进行二次发酵,至面包机桶八分满。

18 启动面包机烘烤程序,40分钟后面包烤至金黄色,脱模取出即可。

丹麦吐司

成品 1 个

面团材料
高筋面粉 190 克
低筋面粉 60 克
酵母 3.5 克
细砂糖 45 克
盐 3 克
奶粉 11 克
全蛋液 35 克
淡奶油 16 克
无盐黄油 20 克

裹入用油
片状黄油 115 克

表面装饰
杏仁片适量
全蛋液适量
高筋面粉适量

模具
450 克吐司模具 1 个

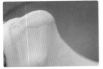

1 将面团材料里除无盐黄油外的所有材料混合，揉至面团光滑，加入软化的黄油继续揉至面团能拉出较为结实的透明薄膜。

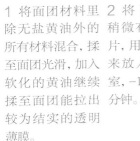

2 将面团擀成稍微有点厚的面片，用保鲜膜包起来放入冰箱冷冻室，-18℃冷冻30分钟。

3 将软化的片状黄油铺在保鲜膜上，再盖上一片保鲜膜，用擀面杖将黄油块敲打均匀，再将黄油对折，再次敲打均匀，最后擀成长方形的黄油片。

4 取出冷冻好的面团，擀成为黄油片2倍大小的长方形面片。

5 将黄油片放在面片中间。

6 将黄油包好，捏紧接缝处。

7 将接缝处收口朝下，将面团擀成长方形的大片，进行第一次的四折。

8 擀的时候要撒些高筋面粉防粘。右边向内折1/4，左边也折上来。

9 然后对折，完成第一次的四折。

10 将折好的面片顺着长的一边再次擀开。

11 再次擀成长长的大面片，开始进行第二次四折，折法和之前一样。

12 对折，第二次四折完成。

13 对折好后直接擀成15厘米×25厘米左右的长方形厚片。

14 再切成9条约1.5厘米×25厘米的长条。

15 将长条分成三条一组，切面朝上稍微按压一下，编成麻花辫状。

16 依次处理好3份麻花辫面团，将两头相接，接口朝下放入吐司盒内。

17 放在温暖湿润处二次发酵至吐司盒八分满，在发酵好的吐司表面刷一层薄薄的全蛋液，撒少许杏仁片。

18 放入提前预热好的烤箱下层，上下火200℃烘烤10分钟后转180℃烘烤32分钟，出炉后立刻脱模至冷却架放凉。

丹麦玫瑰面包

成品6个

面团材料
高筋面粉200克
低筋面粉50克
细砂糖40克
盐4克
酵母4克
全蛋液25克
牛奶140克
无盐黄油20克

裹入用油
片状黄油125克

夹馅
提子干50克

表面装饰
全蛋液适量

模具
直径8厘米、高3厘米
的烘焙纸杯6个

做法

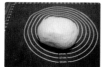

1 将面团材料里除无盐黄油以外的所有材料混合，揉到面团光滑有弹性。

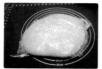

2 将面团擀成稍微有点厚的面片，用保鲜膜包起来放入冰箱，-18℃冷冻30分钟。

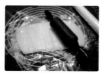

3 将软化的片状黄油铺在保鲜膜上，再盖一层保鲜膜，用擀面杖将黄油敲打均匀后对折再次敲打均匀，最后擀成长方形的黄油片。

4 取出冷冻好的面团，擀成为黄油片2倍大小的长方形面片。

5 将黄油片放在面片中央。

6 用面片将黄油包好，捏紧接缝处。

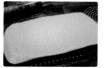

7 将接缝处收口朝下，将面团擀成约60厘米×15厘米的面片，进行第一次的四折。

8 右边向内折1/4，左边也折上来。

9 然后对折，完成第一次的四折。

10 将折好的面片顺着长的一边再次擀开。

11 再次擀成长长的大面片，开始进行第二次四折，折法和之前一样。

12 对折，第二次四折完成。

13 对折好后直接擀成厚约1.5厘米的方形面片，用保鲜膜包好冷冻30分钟。

14 将面片切成12条约90克重的长条。如果因为温度高面团太软，可以冷藏一会儿再切。

15 将长条分成两条一组，切面朝上稍微按压一下，将两根面条编成麻花辫状。

16 铺上提子干。

17 从一端向另一端卷起来，捏紧收口处。

18 依次处理好6组面团，将面团放入烘焙纸杯内。

19 进行最终发酵，温度28℃、相对湿度70%的环境下发酵至原来的2倍大。在发酵好的面团表面刷一层薄薄的全蛋液。

20 放入提前预热好的烤箱下层，上下火190℃烘烤约20分钟即可。

金牛角面包

🔥 烤焙温度 175℃　　⏱ 烘烤时间 30 分钟

成品8个

面团材料	表面装饰
高筋面粉 200 克	蛋黄液适量
低筋面粉 100 克	白芝麻适量
细砂糖 50 克	无盐黄油（熔化）30 克
盐 1/2 小匙	
干酵母 2 克	
泡打粉 1/4 小匙	
奶粉 15 克	
奶酪粉 10 克	
全蛋液 50 克	
水 90 克	
无盐黄油 30 克	

1 将面团材料里除无盐黄油外的其他材料混合。

2 20分钟后加入软化的黄油，揉成光滑的面团。将面团放入容器内盖上保鲜膜，松弛20分钟。

3 将面团分割成8等份，滚圆后盖上保鲜膜，松弛10分钟。

4 取一份面团，用手揉搓成圆锥状。

5 再擀成边长为20~25厘米的三角形。

6 在宽的一头中间切开6~7厘米，向两边拉成三角形，再往下卷起来，两角向内弯曲。

7 放入烤盘中，松弛40分钟。

8 表面刷上均匀的蛋黄液，并撒上少许白芝麻。

9 放入预热好的烤箱中，175℃烤约20分钟，取出刷上熔化的黄油。

10 继续烘烤5分钟后再次取出，刷上一层熔化的黄油；再烤5分钟左右至表面金黄即可。

第9章

天然酵母面包

天然酵母

　　天然酵母与其他微生物一样，存在于自然界中。在我们生活的周围，空气、植物、谷物和水果中都有天然酵母的存在，我们需要做的就是将它捕获，用来服务于制作面包。捕获酵母的途径有很多种，比如从葡萄干、苹果、李子、草莓等水果中获取；将谷物粉加水混合一段时间后，天然酵母也会慢慢地露出踪迹。

　　用天然酵母制作的面包比一般使用干酵母的风味更佳，因为天然酵母由多种菌培养而成，在烘焙时，每一种菌都会散发出不同的香味，让面包的风味更加多样化。而且培养天然酵母的过程并不难，我们需要的就是耐心等待。

　　水果类培养出来的酵种最常用来制作面包，因为糖分和天然酵素是培养酵母的重要营养来源。从葡萄中最容易捕获酵母，并且酵母液活力最强，香气也最受欢迎。下面介绍两种用水果培养的天然酵母。

葡萄干酵母液

> 材料
> 葡萄干100克、细砂糖10克、白开水200克

培养过程

1　将玻璃瓶和瓶盖放入沸水锅里煮沸消毒，晾干后装入白开水备用。将葡萄干和细砂糖装入玻璃瓶里，用干净的筷子搅拌均匀，把瓶子放在26~28℃的环境下培养。

2　第2天，葡萄干吸足了水分开始膨胀，打开瓶盖，让瓶子里的气体排出来，吸进新鲜的空气，再盖上盖子，轻轻摇晃几下。

3　第3天有小气泡产生。第4天，小气泡数量增多，几乎每粒葡萄干表面都有小气泡，依然每天打开瓶盖摇晃几下。第5天，小气泡越来越多，还能听到"吱吱"的冒泡声，这时可以提取酵母液了。

葡萄干酵种

> 材料
> 葡萄干酵母液60克、高筋面粉120克

培养过程

1　用消过毒的筛网将葡萄干酵母液过滤出来，取60克葡萄干酵母液与120克高筋面粉混合。

2　揉成面团，放入干净的容器里，喷少许水。放在26~28℃的环境下培养。

3　大约过8个小时，面团发酵为原来的2倍大就成功了，可以用来做天然酵母了。

> TIPS
> 培养酵母液最理想的温度是26-28℃，大约5天就可以培养好，如果温度低，酵母液发酵的时间也会延长。培养酵母的容器要消毒后使用，否则容易发霉。

苹果酵母液

材料
苹果块150克、蜂蜜30克、白开水300克

培养过程

1 将玻璃瓶和瓶盖放入沸水锅里煮沸消毒，晾干后装入白开水备用。将蜂蜜加入白开水中，用干净的筷子搅拌均匀，再装入苹果块（苹果不去皮），密封放在26~28℃的环境下培养。

2 第2天，苹果块开始有点变色，打开瓶盖，让瓶子里的气体排出来，吸进新鲜的空气，再盖上盖子，轻轻摇晃几下。

3 第3天有小气泡产生。第4天，小气泡越来越多，还能略闻到酒精味。

4 第5天，苹果颜色变黄，摇晃时产生很多泡泡。第6天，泡泡开始变少，可以闻到苹果的香气，但几乎闻不到酒精味了，苹果颜色也变得更深了，酵母液就培养好了，可以滤取出备用。

苹果酵种

材料
苹果酵母液35克、高筋面粉50克

培养过程

1 取35克苹果酵母液与50克高筋面粉混合，揉成面团，盖上保鲜膜，放在26~28℃的环境下培养。

2 大约过8个小时，面团膨胀为原来的2倍大就成功了，可以用来做天然酵母了。刚做好的酵种可以马上使用，如果暂时不做面包，可以在发酵到6小时的时候放入冰箱冷藏过夜。

纯香奶酪包(中种)

烤焙温度
160℃

烘烤
22分钟

成品9个

中种面团材料

高筋面粉170克
水54克
酵母3克
全蛋液55克

面团材料

高筋面粉60克
低筋面粉50克
细砂糖40克
盐3克
奶油奶酪45克
牛奶68克
无盐黄油20克

表面装饰

全蛋液适量
白芝麻适量

模具

正方形烤盘1个

1 将中种面团材料全部混合，揉成光滑的面团，面盆盖上保鲜膜，放在温暖湿润处发酵至原来的3倍以上。

2 将发酵好的中种面团撕成小块，和主面团中除无盐黄油以外的材料一起揉成光滑的面团。

3 揉至略有筋度时加入软化的黄油，继续揉到能扯出较为结实的半透明薄膜。

4 将揉好的面团整理光滑，盖保鲜膜室温静置30分钟，接着分割成9等份，滚圆后盖上保鲜膜松弛15分钟左右。

5 取一份松弛好的面团，擀成椭圆形。

6 翻面，左右两边各向1/3处内折成水滴形，依次处理好所有的面团，盖保鲜膜松弛5分钟左右。

7 取一份松弛好的面团，擀成长的三角形，擀的时候从面团中间位置分别向上、向下擀长，尽量不要擀宽。

8 擀好后轻轻用手提起，使面筋稍微松弛，然后底端压薄，从上而下卷起。

9 将所有擀卷好的面团摆放在方形烤盘中。

10 烤箱下层放一烤盘热水，启动发酵模式，温度设置为35℃左右，时间设置为40分钟左右，直到面团发酵至原来的2.5倍大，表面刷全蛋液，撒少许白芝麻。

11 取出面团和水，烤箱160℃预热，中层上下火烤22分钟，出炉取出脱模至冷却架放凉。

咖啡吐司(中种)

🔲 烤焙温度 180℃　　⏱ 烘烤时间 40分钟

成品1个

中种面团材料	盐1克
高筋面粉175克	细砂糖30克
牛奶100克	蜂蜜20克
酵母2克	牛奶20克
盐2克	全蛋液30克
奶粉5克	酵母1克
	无盐黄油25克

主面团材料	模具
高筋面粉75克	450克吐司模具1个
咖啡粉5克	

TIPS

① 冷藏发酵慢,中种面团的发酵时间仅供参考,要根据面团状态来延长或缩短发酵时间,以面团状态为准。中种面团从冰箱取出后无需回温,直接撕碎加入。

② 咖啡粉要用纯咖啡粉口感才更香浓。

1 将中种面团材料混合揉成团。

2 放在5℃左右的冰箱里冷藏发酵17~24小时,至原来的1.5倍大。

3 将发酵好的面团取出撕碎,与主面团材料里除无盐黄油外的所有材料混合。

4 揉成光滑的面团,加入软化的黄油继续揉至可以拉出大片透明结实的薄膜。

5 揉好的面团放入容器内,盖上保鲜膜,放在25~28℃的环境中进行基础发酵。

6 发酵至原来的2~2.5倍大后取出面团,排气;称重后分成8等份,滚圆后盖保鲜膜松弛。

7 松弛15分钟后,再次将面团排气滚圆,排放在吐司模中。

8 放在温暖湿润处二次发酵至吐司模八分满;放入预热至180℃的烤箱,中下层,上下火烤40分钟。

9 出炉后立刻脱模,放在晾网上晾凉至手心温度时密封保存。

墨西哥蜜豆包（汤种）

🍞 烤焙温度 180℃　⏱ 烘烤时间 15分钟

成品10个

汤种面团材料	夹馅
高筋面粉25克 开水25克	蜜豆馅适量

主面团材料

高筋面粉250克
细砂糖30克
盐2克
即溶酵母粉3克
全蛋液40克
奶粉12克
水108克
无盐黄油25克

表面装饰（墨西哥糊）

无盐黄油45克
糖粉50克
全蛋液40克
低筋面粉50克

墨西哥糊做法

将表面装饰材料中的无盐黄油软化后加入糖粉，搅拌均匀后分3次加入全蛋液，搅打均匀后筛入低筋面粉，搅拌至光滑状即可。

1 将汤种材料混合搅拌成团，放凉备用。

2 将面团材料里除无盐黄油外的所有材料放入面包机桶内，启动和面程序。

3 1个和面程序结束后加入软化黄油，再次启动和面程序揉至完全阶段。

4 将面团放置在温暖湿润处进行基础发酵，至原来的2~2.5倍大。

5 取出发酵好的面团排气，分成10等份，滚圆，盖上保鲜膜松弛10分钟。

6 取一份面团压扁，包入适量蜜豆馅，捏紧收口。

7 依次包好所有的面团，放入铺了油纸的烤盘中进行二次发酵，时间约40分钟。

8 面包坯发酵完成后，将墨西哥糊挤在面包坯上，约占1/3的面积。

9 烤箱180℃预热，中层上下火烤约15分钟至表面呈金黄色即可。

TIPS

墨西哥糊只要搅拌均匀即可，不需要过度打发，否则烤好后表面会显得比较粗糙。

蔓越莓面包(中种)

烤焙温度
180℃

烘烤时间
20 分钟

成品8个

中种面团材料
高筋面粉250克
中筋面粉30克
酵母2.5克
牛奶180克

主面团材料
高筋面粉70克
细砂糖40克
酵母1克
盐4克
全蛋液45克
无盐黄油25克

夹馅
蔓越莓干50克

表面装饰
全蛋液适量

1 将所有中种面团材料混合，揉成光滑的面团（1个面包机和面程序）。将面团放入容器内，盖上保鲜膜，冷藏发酵17小时。

2 将发酵好的中种撕成小块，加入除无盐黄油外的主面团材料中。第1个面包机和面程序结束，加入软化黄油，再次启动和面程序。

3 和面结束，进入基础发酵。取出发酵好的面团排气，分成8等份，滚圆盖上保鲜膜，松弛15分钟。

4 顺着上下方向擀长，将面团擀成长椭圆形，一边压薄，翻面后将中间划三刀。

5 撒上适量蔓越莓干。

6 从一端卷起，捏紧尾部。

7 依次将所有面团整形，排放在铺了油纸的烤盘中。

8 最后发酵至原来的2倍大，刷上全蛋液。

9 烤箱预热至180℃，中层，上下火烤约20分钟至表面金黄。

TIPS

不同的季节和面团状态都会影响冷藏发酵的时间，所以冷藏发酵时间要根据面团状态作适当调节。

朗姆果干吐司(中种)

成品1个

中种面团材料
高筋面粉240克
水140克
即发干酵母2.5克
盐1.5克
奶粉9克

主面团材料
高筋面粉110克
奶粉9克
盐1.5克
细砂糖40克
全蛋液40克
即发干酵母1.5克
水35克
无盐黄油35克

夹馅
蔓越莓干30克
葡萄干30克
朗姆酒适量

做法

1 提前将蔓越莓干和葡萄干用朗姆酒浸泡1个小时，用厨房纸巾吸干水分备用。

2 将中种面团材料放入面包机桶内，启动和面程序，1个和面程序结束后，取出中种面团。

3 将中种面团盖上保鲜膜放入冰箱中冷藏17小时，发酵至原来的2~2.5倍大。

4 将主面团材料里除无盐黄油外的所有材料放入面包机桶内，加入撕碎的中种面团。

5 启动和面程序，面团揉至表面光滑状，可拉出较厚的薄膜。

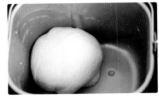

6 加入软化的黄油；再次启动和面程序揉至完全阶段。

7 将浸泡好的蔓越莓干和葡萄干加入揉好的面团中揉匀，基础发酵至原来的2~2.5倍大。

8 取出发酵好的面团并按压排气，分割成3等份，滚圆后松弛15分钟。

9 将发酵好的面团擀成椭圆形，翻面后，从上往下卷起，盖上保鲜膜松弛15分钟，再次将面团按长的方向擀长，从上往下卷成卷。

10 依次处理好3份面包坯，排放在面包机桶内，二次发酵至面包机桶八分满。

11 启动烘烤模式，烤约40分钟至表面呈金黄色，取出脱模晾凉。

抹茶奶酪软欧(波兰种)

烤焙温度
190℃

烘烤
25分钟

成品1个

波兰种面团材料
高筋面粉40克
水40克
酵母1克

细砂糖30克
盐3克
酵母2克
无盐黄油20克

主面团材料
高筋面粉200克
抹茶粉10克
奶粉15克
全蛋液50克
牛奶80克

夹馅
（蔓越莓奶酪馅）
奶油奶酪200克
糖粉20克
蔓越莓干20克

表面装饰
高筋面粉适量

模具
直径22厘米的圆形
发酵篮1个

做法 ....

1 将波兰种面团材料混合搅拌均匀，盖上保鲜膜，放在室温下发酵或者冷藏发酵，面团涨发至最高点后回落，表面出现许多气泡，内部呈现丰富的蜂窝组织状态。

2 将发酵好的波兰种和主面团材料里除无盐黄油外的所有面团材料混合，揉到光滑后加入软化的黄油继续揉至完全状态。

3 将揉好的面团收圆放入容器内，盖上保鲜膜进行基础发酵。

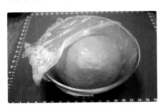

4 面团发酵至原来的2~2.5倍大。

5 取出发酵好的面团，轻轻按压排出面团内的大气泡，用擀面杖擀成圆形面片。

6 包入全部的蔓越莓奶酪馅，捏紧收口，将面团收圆。

7 发酵篮内筛入薄薄一层高筋面粉。

8 将面团放入发酵篮内，收口朝上，放在约38℃的环境下二次发酵至原来的2倍大。

9 将发酵篮倒扣在烤盘上，让面团脱离发酵篮。

10 用割包刀在面团表面划"十"字形刀口，深度约1厘米。

11 烤箱190℃预热，中下层，上下火烤约25分钟即可。

蔓越莓奶酪馅做法 ....

将奶油奶酪软化，加入糖粉搅打至顺滑状，再加入蔓越莓干拌匀即可。

全麦朗姆葡萄干吐司(液种)

🔲 烤焙温度 面包机烘烤模式"烧色中"　　⏱ 烘烤时间 40分钟

成品1个

液种面团材料

高筋面粉105克
水105克
酵母1克

主面团材料

高筋面粉175克
(含麦麸)全麦面粉
70克
葡萄干70克

牛奶100克
全蛋液35克
酵母3.5克
细砂糖70克
盐4克
无盐黄油35克

表面装饰

全蛋液适量

TIPS

发酵好的液种面团内部呈蜂窝状,表面有气泡。

1 将液种面团材料混合,搅拌均匀至没有干粉的状态,盖上保鲜膜,冷藏发酵16小时。

2 提前将葡萄干用朗姆酒浸泡1夜,并用厨房纸巾吸干水分。

3 将主面团材料里除无盐黄油和葡萄干外的所有材料放入面包机桶内。

4 启动和面程序,面团揉至表面光滑状;加入软化的黄油,再次启动和面程序揉至完全阶段。

5 将浸泡好的葡萄干加入面团中揉匀;再进行基础发酵,面团发酵至原来的2~2.5倍大。

6 取出发酵好的面团,分割成3等份,滚圆后盖上保鲜膜松弛15分钟。

7 将松弛好的面团擀成椭圆形,翻面后卷起,再次松弛15分钟;将松弛好的面团擀开,从上往下卷成卷,排放在面包机桶内。

8 二次发酵至面包机桶八分满,刷上全蛋液,启动烘烤模式,40分钟后,表面呈金黄色,脱模晾凉。

椰浆吐司(汤种)

🔲 烤焙温度 面包机烘烤模式 "烧色中"　⏱ 烘烤时间 40分钟

成品 1个

汤种面团材料
高筋面粉25克
椰浆120克

主面团材料
高筋面粉325克
细砂糖60克
盐3.5克
酵母4.5克
全蛋液25克

牛奶50克
椰浆100克
椰粉12克
奶粉8克
无盐黄油30克

表面装饰
全蛋液适量

1 将汤种面团材料混合搅拌均匀，小火边加热边搅拌，煮成糊状时关火，冷藏1小时。

2 将主面团材料里除无盐黄油外的所有材料和汤种糊放入面包机桶内。

3 启动和面程序，面团揉至表面光滑状，可拉出较厚薄膜，再加入软化的黄油；再次启动和面程序揉至完全阶段。

4 揉好的面团进行基础发酵，面团发酵至原来的2~2.5倍大。

5 取出发酵好的面团排气，分割成2等份，滚圆后松弛15分钟。

6 将松弛好的面团擀成椭圆形，翻面后，从左往右卷起，盖上保鲜膜松弛15分钟，再次擀开，翻面后卷起，放入面包机桶内。

7 二次发酵至面包机桶八分满，刷上全蛋液。

8 启动烘烤程序，烤约40分钟，至表面呈金黄色，取出脱模晾凉。

咖啡奶酪软欧(波兰种)

成品2个

波兰种面团材料	主面团材料	夹馅
高筋面粉100克	高筋面粉200克	奶油奶酪100克
水100克	咖啡粉10克	奶粉10克
酵母0.5克	酵母3克	糖粉10克
	水85克	牛奶10克
	淡奶油30克	
	盐4克	**表面装饰**
	细砂糖45克	高筋面粉适量
	无盐黄油15克	

1 将波兰种面团材料混合，搅拌均匀。

2 室温发酵，至涨发到最高点后回落，表面出现许多气泡，内部呈现丰富的蜂窝组织状态。发好的波兰种放入冰箱冷藏12~24小时后使用。

3 将发酵好的波兰种和主面团材料里除无盐黄油外的所有材料混合。

4 揉至光滑状后加入软化的黄油再揉到完全状态。

5 将揉好的面团收圆盖上保鲜膜放入容器内进行基础发酵，面团发酵至原来的2~2.5倍大。

6 取出发酵好的面团，轻轻按压排出面团内的大气泡，分割成两块，揉圆后盖上保鲜膜松弛30分钟。

7 擀成长形面片后翻面。

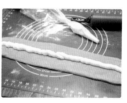

8 奶油奶酪软化后，加入糖粉、奶粉和牛奶混合搅拌均匀，装入裱花袋中，挤在面片中间。

9 再捏紧收口处。

10 将收口朝下，再将面团搓长一些。

11 从两头盘起来成"S"形。

12 排放在烤盘上，放在约35℃的环境下二次发酵至原来的2倍大。

13 发酵结束后，表面筛上高筋面粉。

14 烤箱190℃预热，中下层，上下火烤20~22分钟即可。

培根奶酪手撕面包(汤种)

烤焙温度
180℃

烘烤时间
30分钟

成品1个

汤种面团材料
高筋面粉20克
开水20克

主面团材料
高筋面粉175克
低筋面粉50克
酵母3克
细砂糖30克
盐3克
奶粉12克
全蛋液20克
牛奶110克
无盐黄油25克(可增加5克左右用于涂抹模具)

夹馅
培根3片
马苏里拉奶酪60克
小葱30克
肉松20克
植物油少许

模具
7寸中空戚风蛋糕模具1个

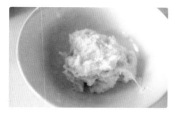

1 将汤种面团材料混合，搅拌均匀成汤种，放凉备用。

2 将主面团材料里除无盐黄油以外的所有材料和汤种（约38克）混合。

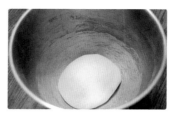

3 揉至面团光滑、面筋扩展时加入软化黄油，继续揉至能拉出薄且有韧性膜的完全阶段，将面团滚圆放入容器中。

4 放在温暖湿润处进行基础发酵至原来的2.5倍大。用手指蘸面粉在面团上戳个洞，洞口不回缩、不塌陷即发酵完成。

5 取出发酵好的面团排气，重新滚圆，松弛20分钟，用擀面杖擀成约1厘米厚的长方形面片。

6 培根切碎煎至出油备用，小葱洗净沥干水分，切成葱花；马苏里拉奶酪切碎，软化后备用。

7 在面片上用刷子抹薄薄的一层植物油，撒上葱花，再将面片切成边长为3~4厘米的小方块。

8 在中空模具内壁以及烟囱部位均匀抹一层无盐黄油防粘，将小面包方块铺在模具底部，铺满一层后撒上培根碎、马苏里拉奶酪碎和肉松。

9 接着再放一层面包块，继续撒上培根碎、马苏里拉奶酪碎和肉松，直到全部铺满。

10 放在温暖湿润处进行二次发酵至原来的2倍大。

11 烤箱180℃预热，下层烤30分钟至表面呈金黄色即可。

北海道纯奶吐司(中种)

🔲 烤焙温度 180℃　　⏱ 烘烤时间 40 分钟

成品1个

中种面团材料
高筋面粉 300 克
细砂糖 9 克
速溶酵母 1.8 克
牛奶 96 克
鲜奶油 84 克
鸡蛋清 21 克
无盐黄油 6 克

主面团材料
鸡蛋清 24 克
细砂糖 45 克
盐 3.6 克
速溶酵母 1.2 克
奶粉 18 克
无盐黄油 6 克

表面装饰
全蛋液适量

1 将中种面团所有材料混合，揉至面团稍具光滑阶段即可。

2 将中种面团盖上保鲜膜，冷藏法发酵约18个小时，发酵至原来的2~2.5倍大。

3 将发酵好的中种面团撕成小块，与主面团中除无盐黄油外的所有材料混合，揉至光滑有弹性。

4 加入软化的黄油，继续揉至可以拉出结实的透明薄膜的完全阶段。揉好的面团盖上保鲜膜松弛30分钟。

5 将面团分成3等份，滚圆盖上保鲜膜松弛20分钟，取松弛好的面团擀成椭圆形。

6 从上往下卷1.5~2圈，盖上保鲜膜松弛15分钟。

7 再次擀开后卷起，卷起2.5个圈，不要超过3个圈，排放在吐司盒内。

8 烤箱内放一碗热水，发酵模式设置在38℃，将吐司盒放入烤箱内二次发酵至八分满。

9 在面包坯表面刷全蛋液。取出吐司盒和热水。

10 烤箱180℃预热，将吐司盒放在烤箱下层，上下火180℃烤40分钟至表面金黄即可。

第10章
名店面包

熔岩火腿奶酪面包

烤焙温度
上火 160℃
下火 185℃
烘烤时间
20 分钟

成品8个

中种面团材料

高筋面粉 250 克
细砂糖 35 克
无盐黄油 20 克
盐 2 克
奶粉 10 克
酵母 3 克
全蛋液 45 克
牛奶 120 克

夹馅

马苏里拉奶酪 170 克
火腿 130 克

扫码看同步视频

做法

1 将面团材料中除无盐黄油外的所有材料混和。

2 混合搅拌至面团可以拉出稍透明但易破的膜。

3 加入软化黄油,继续揉至能拉出薄膜且有韧性的扩展阶段。

4 将面团滚圆放入容器中,放在温暖湿润处进行基础发酵。

5 面团发酵至原来的2.5倍大,用手指蘸面粉在面团上戳个洞,洞口不回缩、不塌陷即可。

6 取出发酵好的面团排气,分成8等份。

7 整成圆形,盖上保鲜膜松弛20分钟。将马苏里拉奶酪和火腿丁混合备用。

8 取出松弛好的面团,将面团擀开成椭圆形,翻面后包上馅料,捏紧收口。

9 依次处理好所有的面团,收口朝下排放在烤盘上。

10 将整好形的面包坯放入烤箱中,再放一碗热水进行二次发酵,至原来的2倍大。

11 取出发酵结束的面包坯,表面筛上一层高筋面粉,再用剪刀在顶部剪十字刀口,用手稍拉下剪开的四角。

12 将面包胚放入预热好的烤箱,160℃上火,185℃下火烤约20分钟即可。

千层杏仁面包

成品 16 个

面团材料

高筋面粉 250 克
细砂糖 40 克
盐 3 克
奶粉 10 克
酵母 3.5 克
牛奶 75 克
淡奶油 25 克
全蛋液 50 克
蜂蜜 10 克
无盐黄油 25 克
夹馅面团

无盐黄油 50 克
糖粉 30 克
全蛋液 25 克
低筋面粉 100 克

表面装饰

全蛋液少许
杏仁片少许

模具

直径 7~10 厘米
的模具

TIPS

每次擀开前,用擀面杖均
匀轻敲下面皮表面,既能
使面皮厚度均匀,也可排
出空气。

做法

1 将面团材料里除无盐黄油外的所有材料混和。

2 揉至面团光滑、面筋扩展时加入软化的黄油,继续揉至能拉出薄膜且有韧性膜的扩展阶段。

3 将面团滚圆放入容器内,放在温暖湿润处进行基础发酵。

4 面团发酵至原来的2.5倍大,用手指蘸面粉在面团上戳个洞,洞口不回缩、不塌陷即发酵完成。

5 取出发酵好的面团按压排气,盖上保鲜膜松弛10分钟。

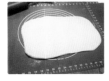

6 将松弛好的面团擀成长方形面片,面积是夹馅面团的2倍大小。

7 将夹馅面团放在主面团中间。

8 四周包起来,捏紧收口处。

9 顺着长的方向擀开,左边向中间折1/3。

10 右边向中间折1/3,完成第一次三折。

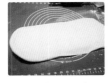

11 沿折线方向再次擀开。

12 左边折1/3,右边再折1/3,完成第二次三折。盖上保鲜膜松弛15分钟。

13 再次擀开成长方形面片,厚度约1厘米。

14 用直径7~16厘米的模具压出小面坯。

15 压好的面包坯整齐排放在烤盘上,边角料可以随意捏成团一起烤。

16 二次发酵至原来的2倍大,表面刷全蛋液,撒杏仁片。

17 放入预热好的烤箱,180℃烤约15分钟至表面呈金黄色即可。

夹馅面团做法

无盐黄油软化后加入糖粉,混合搅拌均匀;加入全蛋液,搅拌均匀;再加入低筋面粉,拌匀成光滑面团,放在保鲜膜上擀成长方形面片即可。

日式面包卷

成品 10 个

中种面团材料

高筋面粉 210 克
细砂糖 15 克
酵母 3 克
牛奶 130 克

主面团材料

高筋面粉 90 克
奶粉 10 克
酵母 1 克
细砂糖 25 克
盐 4 克
全蛋液 50 克
牛奶 30 克
无盐黄油 45 克

做法 ••

1 将所有的中种面团材料混合均匀，揉成光滑的面团，放入大盆，盖保鲜膜，室温发酵至原来的3~4倍大。

2 将发酵好的中种面团撕成小块，和主面团材料中除无盐黄油以外的所有材料混合。

3 揉成出粗膜的光滑面团，加入软化黄油。

4 继续揉至可以拉出大片透明结实薄膜的完全阶段。

5 将揉好的面团放入容器内，盖上保鲜膜，室温下松弛30分钟。将松弛好的面团等分为10份，滚圆后盖保鲜膜继续松弛20分钟。

6 取一份面团，擀成长椭圆形。

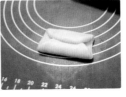

7 从左右各向中间1/3处对折。

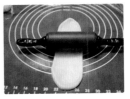

8 再次用擀面杖擀长成牛舌状。

9 上下两端同时向中间卷起，卷到中间对接起来。

10 翻过来放入烤盘中，依次将所有的面团都做好放入烤盘。

11 放入烤箱内，内部放一盘热水，二次发酵至原来的2倍大。

12 表面割上"X"形刀口。

13 在表面筛少许高筋面粉。

14 端出烤箱内的热水，预热至170℃，放入中层，上下火烤约18分钟出炉。

TIPS

① 中种面团揉至光滑即可，不需要出膜。

② 顶部上色后要及时加盖锡纸，温度和时间根据自家烤箱调整。出炉后马上放到晾网上，晾至接近手心温度后密封保存即可。

法式牛奶哈斯面包

成品4个

面团材料

高筋面粉190克　　鸡蛋黄1个
低筋面粉60克　　　牛奶130克
细砂糖30克　　　　淡奶油20克
酵母3.5克　　　　　无盐黄油25克
盐4克

1 将牛奶和淡奶油倒入面包机桶内。

2 倒入细砂糖和面粉。

3 加入酵母,启动面包机和面程序。

4 1个和面程序结束,面团揉至稍具光滑状,可以拉出粗糙的膜。

5 加入软化的黄油。

6 再次启动面包机和面程序。

7 和面结束,面团揉至完全阶段,可以拉出较为结实的半透明薄膜。

8 将面团收圆,盖上保鲜膜,进行第一次发酵。

9 发酵结束后,将面团取出按压排气,分成4等份,滚圆后松弛30分钟。

10 取一块面团按扁,左右折叠按成椭圆形的面片。

11 用擀面杖擀成长片。

12 将长面片从上往下卷起来,要卷得紧密整齐。

13 依次卷好所有的面包坯,排放在铺了油纸的烤盘中。

14 放在温暖湿润处进行二次发酵,至原来的2倍大。

15 用刀片在面包坯上竖着划五刀。

16 烤箱180℃预热,中层烤约25分钟至表面呈金黄色即可。

墨西哥草帽面包

烤焙温度
180℃

烘烤时间
18~20分钟

成品10个

面团材料

高筋面粉270克
低筋面粉30克
细砂糖45克
盐4克
全蛋液50克
蜂蜜10克
牛奶125克
奶粉10克
酵母4克
无盐黄油35克

表面装饰

无盐黄油60克
细砂糖50克
全蛋液30克
低筋面粉50克
杏仁粉18克
咖啡粉4克
牛奶12克

做法

1 将面团材料里除无盐黄油外的所有材料放入面包机或厨师机内，揉成光滑面团后加入软化的黄油，继续揉至面团扩展阶段。

2 将面团收圆，盖上保鲜膜放入容器内进行基础发酵。同时准备表面装饰用的咖啡糊。

3 面团发酵至原来的2.5倍大，用手指蘸干粉戳洞，洞口不会马上回缩即可。

4 取出发酵好的面团，按压排出面团内气体，将面团分成10等份，盖上保鲜膜，松弛10分钟。

5 将面团滚圆，揉成圆形。

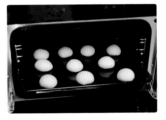

6 排放在烤盘中进行二次发酵。

7 发酵至原来的2倍大。

8 把咖啡糊挤在面团上的顶处。

9 预热烤箱，中层，180℃烤18~20分钟，面包表面呈金黄色即可。

咖啡糊做法

无盐黄油软化后加入细砂糖，用打蛋器搅打顺滑成黄油糊；牛奶中加咖啡粉，搅拌均匀，加入黄油糊中搅拌均匀，再加入全蛋液，搅拌均匀，倒入低筋面粉和杏仁粉混合，拌匀后装入裱花袋里备用。

TIPS

① 挤咖啡糊的时候，不用全部覆盖，黄油遇热会熔化，烤的时候自然会分布在整个面包表面。

② 挤咖啡糊可以不用裱花嘴，将裱花袋直接剪个小口就可以了。

黑眼豆豆(烫种)

成品8个

烫种面团材料
高筋面粉30克
开水30克

主面团材料
高筋面粉250克
可可粉13克
细砂糖50克
酵母3.5克
无盐黄油25克
黑巧克力豆40克
盐3克
水160克

夹馅
黑巧克力80克

表面刷液
鸡蛋清少许

TIPS

① 烫种是一种可以防止面团老化的面包制作方法,可以让面包口感更软。

② 一定要充分预热好烤箱再放面团进去,避免因烤箱没有预热到位而导致面团发酵过度。

做法

1 将烫种面团中的材料混合均匀，放凉备用。

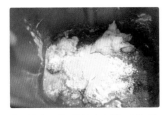

2 将主面团材料中除无盐黄油和黑巧克力豆以外的所有材料混合，加入烫种面团。

3 揉成出粗膜的光滑面团，加入软化的黄油继续揉至可以拉出大片透明结实的薄膜状的完全阶段。

4 揉好的面团中再加入黑巧克力豆大致揉匀。

5 放入容器内，盖上保鲜膜。

6 放在不超过28℃的温暖湿润处进行基础发酵，至原来的2倍大。

7 将发酵好的面团取出，轻拍排气。

8 称重后等分为8份，滚圆后盖上保鲜膜，松弛20分钟。

9 取松弛好的面团，用掌心压扁，包入10克左右的黑巧克力。

10 捏紧收口，依次包好所有的面团，将收口朝下排放在烤盘上。

11 烤箱里放一盘热水，将温度控制在不超过38℃的环境下二次发酵至原来的2倍大。

12 表面刷少许鸡蛋清液，烤箱180℃预热，中层上下火烤约18分钟即可。

盐面包卷

🔲 烤焙温度 190℃　⏱ 烘烤时间 20 分钟

成品9个

面团材料	淡奶油 22 克
高筋面粉 180 克	无盐黄油 16 克
低筋面粉 60 克	**裹入用油**
奶粉 10 克	
酵母 2.5 克	有盐黄油 40 克
细砂糖 15 克	
盐 4.5 克	**表面装饰**
全蛋液 35 克	全蛋液适量
水 115 克	白芝麻少许

TIPS

① 没有有盐黄油的话，就将1克盐加入到50克软化的无盐黄油里拌匀来代替。

② 二次发酵时温度不宜过高，否则夹层的黄油会熔化流出。

③ 烤的时候黄油熔化，所以成品中间会有少许空层，是正常的。

 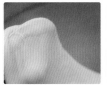  

1 将面团材料中除无盐黄油外的所有材料混合。

2 揉成光滑的面团，加入软化的无盐黄油继续揉至完全阶段。

3 将揉好的面团放入容器内，盖上保鲜膜，放在温暖湿润处进行发酵，至原来的2~2.5倍大。

4 将发酵好的面团取出，轻拍排气，分成9等份后，滚圆。

5 将面团压成椭圆形，两边向内折成一头大一头小的水滴形，盖上保鲜膜松弛15分钟。

6 将松弛后的面团擀长，擀成上宽下尖的三角形，尽量擀薄擀长一些。

7 抹上薄薄一层有盐黄油，靠近底端尖的部分不要抹。

8 自上而下卷起来。依次处理好所有的面包坯，将面包坯收口朝下排放在烤盘上。

9 放在温暖湿润处二次发酵至原来的2倍大；再在表面刷全蛋液，撒少许白芝麻。

10 烤箱预热好，190℃烤约20分钟至表面金黄即可。

奶酪包

🔲 烤焙温度 170℃　⏱ 烘烤时间 25 分钟

成品2个

面团材料	夹馅（奶酪馅）
高筋面粉440克	奶油奶酪200克
酵母6克	细砂糖60克
细砂糖70克	奶粉40克
盐4克	牛奶40克
全蛋液70克	
奶粉20克	**表面装饰**
牛奶230克	奶粉适量
无盐黄油40克	
	模具
	6寸圆形模具2个

奶酪馅做法

将夹馅材料中的奶油奶酪切小块放入盆中，隔水搅打至顺滑，加入细砂糖、奶粉和牛奶，再次搅打顺滑即可。

TIPS

喜欢甜一些的话，外面裹的奶粉可以加些糖粉一起过筛，口感会更香甜。

1　后油法（见14页）将面团搅拌至完全状态。

2　启动面包机发酵程序，发酵至原来的2.5倍大。

3　将面团取出排气。

4　滚圆后分别放入模具内。

5　放在温暖湿润处，二次发酵至原来的2倍大。

6　烤箱170℃预热，中下层烤约25分钟。

7　上色后盖锡纸，烤好的面包用手指按压，凹印可以马上回弹就是烤好了。

8　取出烤好的面包，筛上奶粉，取出准备好的奶酪馅。

9　将面包切成4块，中间再切两刀，在切面抹上奶酪馅，侧面再刷上奶酪馅。

10　面包表面裹层奶粉即可。

千层豆沙吐司

成品 1 个

面团材料

高筋面粉 290 克
酵母 4 克
无盐黄油 35 克
全蛋液 35 克
盐 4 克
细砂糖 30 克
奶粉 10 克
水 140 克

夹馅

豆沙馅 250 克

表面装饰

全蛋液适量

模具

450 克吐司模具 1 个

做法

1 豆沙馅铺在保鲜膜上，均匀擀至25厘米×15厘米的大小，放入冰箱冷藏。

2 将面团材料中除无盐黄油外的所有材料混合。

3 揉成光滑的面团，加入软化的黄油继续揉至完全阶段。

4 将揉好的面团放入容器内，盖上保鲜膜，放在25~28℃的环境中处进行基础发酵。

5 发酵至原来的2~2.5倍大，手指蘸面粉戳洞，洞口不回弹、不塌陷。

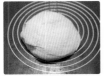

6 将发酵好的面团取出，轻拍排气，滚圆后盖上保鲜膜松弛15分钟。

7 将面团擀成薄的35厘米×25厘米的长方形大面片。

8 将豆沙馅片铺在中间，将面片两端向内折，包紧豆沙片，捏紧接缝处。

9 将面团顺折的方向用走锤擀面杖擀成长度约60厘米×15厘米的长方形大片，使豆沙片均匀地和面团一起延展。

10 从右边1/8处、左边3/8处向内折。

11 对折，完成第一次四折。

12 再次将面团顺折的方向擀长，擀成约60厘米×15厘米的长方形面片。

13 从右边1/8处、左边3/8处向内折，然后再次对折，完成第二次四折。

14 将叠好的面团擀薄一些，均匀切成3条，注意顶部不要切断，留2厘米距离。

15 将3条长面团编成麻花辫状，切口朝上，尾部捏紧。

16 将面团收口朝下摆放在吐司盒内。

17 放在温暖湿润处二次发酵至原来的2倍大，表面刷全蛋液。

18 烤箱预热，放入下层，让模具处在烤箱正中间居中的位置,175℃烤约35分钟至表面金黄。

> **TIPS**
> ① 面团一定要揉到完全阶段，这样延展性好，擀开后面团不容易回缩。
> ② 做需要叠黄油或者叠千层的吐司最好用走锤擀面杖。
> ③ 编辫子时尽量切口朝上，这样烤出来的面包更好看。
> ④ 编的时候注意不要编得太紧，防止发酵时面筋拉断导致成品变形。

奥利奥奶酪包

烤焙温度
180℃

烘烤时间
20 分钟

成品6个

面团材料

老面 70 克
高筋面粉 210 克
奶粉 8 克
盐 3 克
细砂糖 35 克
酵母 2.5 克
全蛋液 20 克
牛奶 125 克
无盐黄油 20 克
烘焙用竹炭粉 3 克

夹馅

奶油奶酪 150 克
糖粉 20 克
奥利奥饼干碎 20 克

表面装饰

全蛋液适量
糖粉适量
奥利奥夹心饼干 6 块

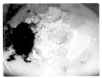

1 将老面撕成小块，与面团材料里除无盐黄油外的所有材料混合。

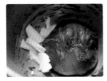

2 揉至面团光滑，加入软化的黄油。

3 继续揉至面团能拉出大片薄膜的扩展阶段。

4 将面团收圆放入盆中。

5 放在温暖湿润处发酵至原来的2.5倍大。

6 取出发酵好的面团，按压排出面团内气体。

7 将发酵好的面团分割成6等份，滚圆，盖上保鲜膜松弛15分钟。

8 取一份面团，擀成椭圆形的长面片后翻面。

9 擀薄底边，再从上往下卷起。

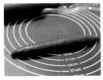

10 卷成橄榄形，捏紧底边收口。

11 将收口朝下排放在烤盘中。

12 放在温暖湿润处二次发酵至原来的2倍大。

13 表面刷全蛋液。

14 烤箱180℃预热好以后，中层烤约20分钟即可。

15 将奶油奶酪、糖粉混合，搅拌均匀，取1大匙装入安装了挤线花嘴的裱花袋里。

16 将剩余的奶酪馅加入奥利奥饼干碎拌匀，装入安装了8齿花嘴的裱花袋里。

17 将面包放凉以后从中间切开，底部不要切断，中间挤上奥利奥奶酪馅，表面再挤上纯奶酪线条。

18 表面筛少许糖粉，装饰上奥利奥饼干块即可。

脏脏包

成品6个

面团材料	夹馅
高筋面粉250克	片状黄油125克
水100克	巧克力适量
细砂糖35克	**表面装饰**
盐2.5克	淡奶油20克
酵母6克	巧克力20克
奶粉10克	可可粉适量
无盐黄油25克	
全蛋液55克	
可可粉10克	

做法

1 将面团材料中除无盐黄油以外的所有材料混合。

2 揉至面团光滑，产生筋度时加入软化的黄油，继续揉至能拉出薄膜且有韧性的完全阶段。

3 将揉好的面团压扁，用保鲜膜包起来放入冰箱冷冻室冷冻30分钟。再将软化的黄油(作夹馅)擀平成长方形。

4 将冷冻好的面团取出，擀成长度为软化的黄油片长度2.5倍的长方形面片；将黄油片铺在擀好的面片中间。

5 此时裹入黄油片和面团的软硬程度要一致。对折四周包起来，捏紧收口处。

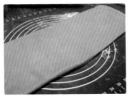
6 把面团翻面，收口朝下，顺着长的方向擀成约60厘米长的长方形面片。

7 擀好的面片左边向中间折1/3，右边向中间折1/3，完成第一次三折。包上保鲜膜放入冰箱冷藏松弛20分钟。接着，擀开，重复上一步，完成第二次三折。

8 用保鲜膜将两次三折好的面团包好放入冰箱，再次冷藏松弛20分钟。取出冷藏好的面团第三次擀开，完成最后一次三折，也就是一共3次三折，再次冷藏松弛30分钟。

9 把三折好的面片重新擀开成长约40厘米、宽约20厘米的长方形面片。

10 切去两边和顶部的长边，将面片切出整齐的边缘，平分成6份，在没有切边的一端放上巧克力。

11 然后将面片卷起。

12 依次处理好所有的面片，排放在烤盘上。

13 在25~26 ℃的温度下发酵至原来的两倍大。

14 发酵结束后，烤箱180℃预热，中层烤约20分钟左右。

15 趁面包烘烤的时候制作脏脏包表面的巧克力酱，将淡奶油和巧克力混合放入小锅中，最小火加热至巧克力熔化，搅拌均匀即可。

16 面包出炉彻底晾凉后，用刷子在面包的表面抹上一层巧克力酱。

17 筛上可可粉即可。

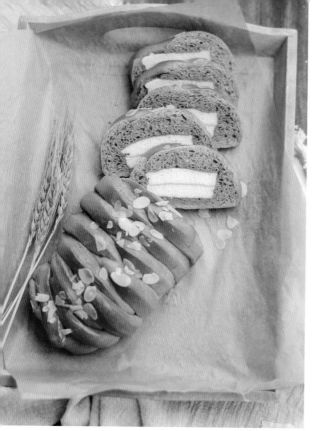

可可蛋糕夹心面包

⬚ 烤焙温度 180℃　　⏱ 烘烤时间 25~30 分钟

成品2个

原味蛋糕体材料
鸡蛋黄4个
鸡蛋清4个
牛奶60g
色拉油40g
低筋面粉80g
细砂糖60g
香草精少许
柠檬汁（或白醋）少许

面包体材料
高筋面粉330克
低筋面粉40克

可可粉10克
水200克
全蛋液50克
细砂糖50克
盐4克
无盐黄油20克
酵母4克

表面装饰
全蛋液适量
杏仁片适量

模具
28厘米正方形烤盘1个

做法

制作原味蛋糕

1 鸡蛋黄中加入15克细砂糖，用打蛋器搅拌均匀。

2 加入牛奶搅拌均匀。

3 再加入色拉油搅拌均匀。

4 筛入低筋面粉。

5 搅拌至无颗粒状态。

6 鸡蛋清里滴几滴柠檬汁或白醋，分两次加入15克细砂糖，用电动打蛋器打发蛋白。

7 等到蛋清出现纹路时倒入最后15克细砂糖，打至硬性发泡状态。取三分之一打发好的蛋白霜到蛋黄糊中。

8 用切拌和翻拌的手法混合均匀。

9 把所有蛋黄糊全部倒入蛋白盆中，与剩下的蛋白混合翻拌均匀。

10 把拌匀的蛋糕糊倒入铺了油纸的28厘米正方形烤盘中。

11 用刮板将蛋糕糊刮平。

12 将模具放入预热好的烤箱里,中层180℃烤约15分钟至表面金黄,出炉冷却后撕去油纸。

13 将放凉的蛋糕片切成4条等量大小的长方体蛋糕片。

14 蛋糕片两两叠放在一起备用。

15 将面包体材料里除无盐黄油外的所有材料混合,揉到面团光滑能出粗膜时,加入软化黄油继续揉至面团能拉出大片薄膜的完全扩展阶段。

16 将面团收圆,放入盆中,盖上保鲜膜进行基础发酵。

17 发酵至原来的2.5倍大。

18 取出发酵好的面团,按压排出面团内气体。将发酵好的面团分割成2份,滚圆,盖上保鲜膜松弛15分钟。

19 取一份松弛好的面团,擀成长度约28厘米的面片。

20 然后把叠起来的1组蛋糕片放在面片的中间。

21 用刀将面包片左边和右边各切成10~13条。

22 将面包条左右交叉在蛋糕片上面,编织成交叉的纹理状。

23 蛋糕体全部包住以后,把头尾两端的面皮捏紧收口,将整形好的两份面包坯放在烤盘上。

24 放在温暖湿润处二次发酵至原来的2倍大,刷上全蛋液,撒少许杏仁片。

25 烤箱180℃预热好以后,中层烤25~30分钟,出炉后晾凉至手心温度后密封保存起来即可。

附录：面包酱料

香浓花生酱

准备好

花生米500克、细砂糖适量、花生油2汤匙

做法

1 花生米洗干净、晾干，放入炒锅中，小火（不加油）翻炒，保证花生米受热均匀。

2 将炒熟的花生米放入搅拌机中，加适量细砂糖。

3 启动搅拌机，搅打成粉末状。

4 加入2汤匙花生油，继续搅打，香浓的花生酱就做好了。

TIPS

炒花生时如果把握不准花生米是否炒熟，可以通过是否有啪啪的声音来判断，或者用手取一粒花生米搓一下，皮能轻松脱离，就说明花生米熟了。

樱桃果酱

准备好

樱桃600克（去核后约500克）、细砂糖40克、冰糖100克、柠檬半只、淡盐水适量

做法

1 事先将樱桃用淡盐水浸泡20分钟，然后冲洗干净。

2 将樱桃去掉蒂和果核（去果核时用小刀在樱桃上划一刀，掰开再挖掉核）。

3 加入细砂糖，拌匀腌1小时。

4 挤入柠檬汁。

5 倒入冰糖，大火烧开，撇去浮沫。

6 转中小火慢慢熬至黏稠即可。

沙拉酱

准备好

鸡蛋黄1个、植物油225克、白醋25克、糖粉25克

做法

1 鸡蛋黄里加入糖粉，用打蛋器打发至鸡蛋黄体积膨胀、颜色变浅，呈浓稠状。

2 加入少许植物油，并用打蛋器搅打，使两者完全融合。

3 当蛋黄糊开始变得黏稠，继续少量地加入植物油，不停打发至融合。当蛋黄糊变得浓稠难打的时候，加少量白醋搅打。

4 加入白醋以后，碗里的酱会变得稀一些，继续重复加植物油的步骤。

5 当酱变得比较浓稠难打的时候，再添加一点白醋。植物油和白醋全部添加完，颜色变成乳白色，沙拉酱就制作完成了。

蜜豆馅

准备好

红豆 300 克、细砂糖 70 克

做法

1 红豆用清水浸泡 4 小时以上。

2 加水没过豆子，大火煮沸。

3 倒掉锅里的水，重新加水，继续煮沸。

4 盖上锅盖，转小火焖煮约 40 分钟。

5 加入细砂糖拌匀。

6 继续焖煮至水分收干、豆子软烂。

TIPS

① 第一遍煮沸的水倒掉不要，可以去除豆腥味，煮出来的蜜豆口感更好。

② 如果用高压锅来煮红豆，水量没过红豆约 1 厘米，上汽后小火压 20 分钟左右。

③ 如果做豆沙馅，则用勺子将煮好的豆子碾压成泥即可。如果水收得不够干，可以将压好的豆沙放入锅中，翻炒至水分收干。炒的时候可以再加一些植物油，豆沙吃起来口感更顺滑。

叉烧馅

准备好

五花肉 200 克、叉烧酱 20 克、料酒 1/2 汤匙、蚝油 1/2 汤匙、酱油 1/2 汤匙、玉米淀粉 1 汤匙、南乳汁 1/2 汤匙、蜂蜜适量、植物油适量

做法

1 将叉烧酱、料酒、蚝油、酱油和 1/2 汤匙蜂蜜混合，制成腌料。

2 将五花肉洗净切小块，与腌料混合拌匀，冷藏腌 12 小时以上。

3 取出腌好的五花肉，抹少许蜂蜜。

4 放入烤箱中层，200℃烤约 25 分钟，翻面后再抹少许蜂蜜，再烤 25 分钟。

5 取出烤好的五花肉，切成小粒。

6 锅里倒少许植物油，放入切好的叉烧粒，再加入腌五花肉剩余的腌料和南乳汁，翻炒均匀。

7 将玉米淀粉加少许水，调成芡汁后倒入锅中，翻炒至芡汁黏稠，最后加蜂蜜拌匀。

图书在版编目（CIP）数据

在家做面包：视频版 / 薄灰著 . -- 南京：江苏凤凰科学技术出版社，2020.1
（汉竹 • 健康爱家系列）
ISBN 978-7-5713-0634-2

I.①在… II.①薄… III.①面包—制作 IV.① TS213.21

中国版本图书馆 CIP 数据核字 (2019) 第 247092 号

凤凰汉竹

中国健康生活图书实力品牌

在家做面包：视频版

著　　　者	薄　灰	
主　　　编	汉　竹	
责 任 编 辑	刘玉锋	
特 邀 编 辑	徐键萍	王建超
责 任 校 对	郝慧华	
责 任 监 制	曹叶平	刘文洋

出 版 发 行	江苏凤凰科学技术出版社
出版社地址	南京市湖南路 1 号 A 楼，邮编：210009
出版社网址	http://www.pspress.cn
印　　　刷	南京新世纪联盟印务有限公司

开　　　本	720 mm×1 000 mm　1/16
印　　　张	17
字　　　数	300 000
版　　　次	2020 年 1 月第 1 版
印　　　次	2020 年 1 月第 1 次印刷

标 准 书 号	ISBN 978-7-5713-0634-2
定　　　价	46.00 元

图书如有印装质量问题，可向我社出版科调换。